2020
China
Interior
Design Annual

2020 中国室内设计年鉴（1）

陈卫新 / 主编

辽宁科学技术出版社

· 沈阳 ·

目录

住宅

RESIDENCE

商业展示

CONTENTS

BUSINESS DISPLAY

会所

CLUB

永威·金域上院售楼处

设计单位：吕永中设计事务所
设　　计：吕永中
面　　积：1,150 平方米
主要材料：清水混凝土、黑色石头材（细切处理）、玫瑰金金属板等
坐落地点：河南郑州
完工时间：2019 年 9 月

1 | 2
1. 通透的长窗连接内外
2. 金属光柱点状向下延伸

清水混凝土的木石解构

售楼处虽然属于有销售功能的商业空间，但要呈现居住空间的温暖，在未来，当楼盘售完之后，它也将变化功能成为小区的服务中心、健身中心。设计师在这个清水混凝土的建筑中，拒绝了刻意的装饰，也有意拒绝了中式风格，读懂场地本身的特点，用建构的方式去组织功能空间，使用中国天地山水中的无形语言，生成空间本身的气质。整体建筑呈 Y 字形，像一个枝丫往绿化中延伸。Y 字形的延伸，自然生成了很多采光良好的立面，在室内概念设计中，设计师用通透的长窗，让风景长卷逐层展开，也期望置业的人们新生活的长卷也自此展开。

半户外和露台廊道的部分则是往外延伸的，部分区域让木质的屋檐内外贯通。展示台面用玻璃承重，只用必备的构件让家具悬浮起来，保持视野的完整、通透。外部走廊的照明采用地灯，保持内外地面的延展性，室内和外部顶面也精确地保持在同一高度位置。增加两处室内水景、两处天窗采光。Y 字形枝丫的交汇处，三角形的水景随着天窗阳光的射入，为宁静的氛围增加变化，也为核心展示区的户型沙盘提供了最吸引人的背景。

从平面图可以看出，功能体块顺着建筑三个方向进行功能延伸，通过中心的三角水景进行转换分流。空间所呈现的清水混凝土的极简素雅，每一个干净的墙面，都蕴藏着内在的精确逻辑。凝固、坚实的大块混凝土的基底中，加入了细的木格栅、粗石的服务台、铺得很细窄的青砖、铜色的金属板。地面是大面积经过细切处理的石材，细密的铺设让地面的光线变化极其丰富，倒了小圆角之后的深灰色石砖，光线跳跃产生的光斑。小尺度的铺地，也反衬了清水混凝土大面积的纯净、质朴。

1F 平面图

B1 平面图

1	3
2	4

1. 纯净朴素的清水混凝土
2. 核心沙盘区域
3. 地面细密的铺设
4. 木吊顶装饰下的空间

厦门中南九锦台

设计单位：水相设计 Waterfrom Design
设　　计：李智翔、葛祝纬、林其纬、黄昱诚、陈宥儒
面　　积：750 平方米
主要材料：莱姆石、城堡灰石材、香杉实木、红铜染黑、黄铜铜黑、抓痕泥客石等
完工时间：2019 年 10 月
摄　　影：赵宇晨

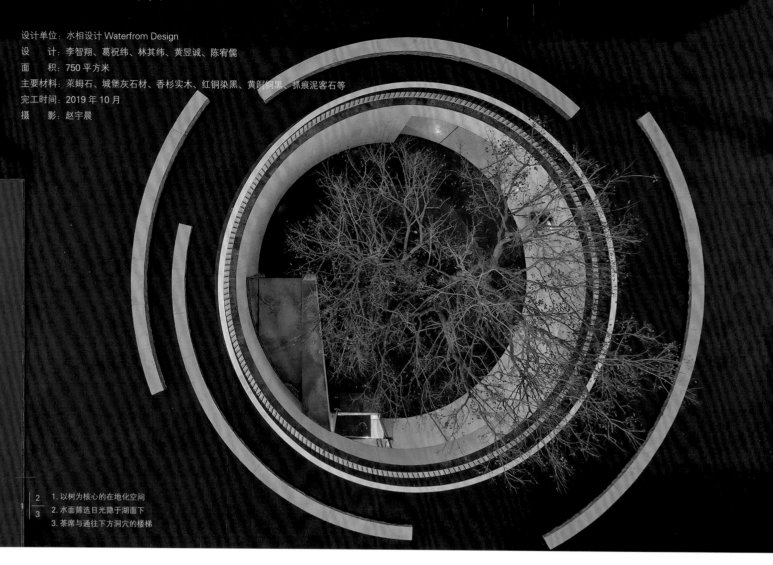

2　1. 以树为核心的在地化空间
1　2. 水面筛选日光隐于湖面下
3　3. 茶席与通往下方洞穴的楼梯

1F 平面图

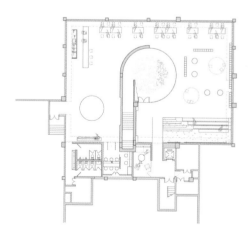

B1 平面图

设计单位：水相设计 Waterfrom Design
设　　计：李智翔、葛祝纬、林其纬、黄昱诚、陈宥儒
面　　积：750 平方米
主要材料：莱姆石、城堡灰石材、香杉实木、红铜染黑、黄铜铜黑、抓痕泥客石等

湖泊下阅读：树影行过的时间

厦门中南地产两个区别于传统售楼处的前提：其一，售楼处日后将供所属社区永久使用；其二，空间除接待入口，其余使用面积位于地景下。设计展现了一个与外隔绝的独立场域，同时维持阳光、空气与水三元素共存的环境架构。从一楼入口开始建立串联地域记忆的场景。过往村镇生活总以老树为集会核心，连接人们交换日常交流与情感。茶，是老厦门的文化主轴及精髓，煮水泡茶、以茶待友是仪式更是生活。

一座湖泊环绕映衬天光的玻璃茶亭是序曲，如透明容器装载着茶席上的仪式行为，外在川流的喧嚣对应内部不疾不徐的宁静，沉淀人们踏入后的心境。茶亭中央横过一道流水长桌穿透玻璃帷幕，于桌边烹茶品茗时水声不断潺潺流入湖泊，冲出一室韵味舒展。茶席旁地板有处开口，是通往湖泊下方洞穴的阶梯，再遵循廊道末端隐晦微光引导，踏入隐身湖底截然不同、豁然开朗的地下空间。别有洞天的地底因着环形天井纳入阳光，引水、借光而在湖底世界滋养了一株向上伸展的树，形成天地循环最单纯的模样。为延续不受外界干扰的超然感受，设计上摒弃了传统与刺激感官的色彩，回归温润、自然质朴的材质，并维持纯粹的质地与触感。避免过度表现的形式，以直觉性的线条架构空间。

无论是作为售楼处还是日后社区活动中心，设计师去除了过分具体的功能框架，希望以设计创造一处开敞的对话场所。"便要还家，设酒杀鸡作食，村中闻有此人，咸来问讯。"桃花源里人们朴实相待的性情、聚落中和谐友好的气氛，盼能在此重现而成为新社区珍贵的生活底蕴。

1	3
2	4 5

1. 空旷的展示区域
2. 阶梯教室与阅读空间
3. 用餐区连接情感与交流
4. 阅读一角
5. 社区的共享厨房

苏州富力天鹅港华庭

设计单位：WJID 维几设计
面　　积：1260 平方米
坐落地点：江苏苏州
完工时间：2019 年 7 月
摄　　影：彦铭

温情江南的当代之美

在苏州富力天鹅港华庭的空间设计中，WJID 大手笔地摒除了那些江南文化中过于柔软的部分，去其形，取其神，在保留传统的同时让空间用当代最前卫、最科技的方式来呈现。将对苏州园林文化的解读融入设计中，将层次性用现代手法——展现，空间通过各种不同规则的拱形门洞连廊相连接，访者可以领略到一步一景，柳暗花明的乐趣，获得的审美享受也更为深长。

天鹅港华庭的建筑内墙，现代抽象水波设计形成了建筑里最大的艺术装置"太湖烟波"，设计师用硬朗的金属材质来表现温润的水乡之美，数千件金属片拼接，用极现代的手法展现波光粼粼，秀美如玉，水色潋滟，如梦如幻的太湖之境。WJID 在项目的设计中既大胆前卫但又做了一定的克制，希望整个建筑能够很自然地融入到周围的环境中。天鹅堡空间里楼梯的设计成为了另一个亮点。蜿蜒盘桓的造型，整体用色与空间保持一致，耀眼的金嵌入低调的白，将奢华做入内里，保证了造型的朴实又在使用中彰显品质感。

硬朗工业的金属板面与柔美的弧形曲线相结合，各种水纹形态的引入，让人感受到水乡的风情，充分尊重了江南在地文化。"诱人的水是江南的灵魂"，设计自然离不开水乡的主角。大片的玻璃连接庭院中的碧波，留白的墙面宛若天作的画布，随着时间的流转，荡漾出不同的山水光影。

WJID 将东西方设计结为连理。不知不觉间，你已经忘了如何在如幻如梦的光影里邂逅一个百多年前的苏州，你也不经意接受了空间段落里的当代表达。当夕阳映在墙面反射出粼粼波光，绮丽得如梦似幻，那是每个人梦中的江南。

1	3
2	4	5

1. 太湖烟波金属片艺术墙面
2. 硬朗的金属板面与柔美的弧形曲线
3. 造型的美学对比
4. 拱形门洞连廊
5. 售楼展示区

015

建业·君邻大院

设计单位：鼎合设计
设　　计：孔仲迅
面　　积：930 平方米
主要材料：墨趣大理石、胡桃木染色、黄铜板、意大利灰泥、壁布
坐落地点：河南郑州
完工时间：2019 年 4 月
摄　　影：如初建筑空间摄影

将体验融入设计 以人文构建生活

"君邻大院"是建业在北龙湖打造的高端定制豪宅，取"君邻大院"的名字，源于建业的业主平台——君邻会。"与君同行，择邻而居"，这是建业对营建未来人居生活范本的美好期许。庭院、竹丛、山石，隐逸的空间气质与君邻会的核心理念一脉相承。这处与项目同名的品牌体验馆，既是君邻大院项目的展示空间，更是君邻会的会员们联络、交流、分享的场所。

空间原入口的位置在建筑的一角，并不醒目，设计师用一个长方形的廊道，将入口拉到建筑的外侧，从而提升了入口的分量和识别性；另一方面用回廊的曲径通幽、竹林和景石搭配的意境呼应了君临大院的现代东方人文宅邸的精神。穿过回廊，通过黄铜的自动门步入序厅，层层递进的序列感化解了空间开阔度和层高不足的劣势。对应空间未来的使用和体验场景，空间氛围营建的定位是：一层是入场氛围的铺垫和文化体验空间，将色调压暗并与室外完全隔离，带人进入安定与被尊重的状态；二层是洽谈、聚会和活动场所，用胡桃木原木与明亮纯净的白色加上开敞舒展的空间，带给人温暖愉悦的心情；三层是餐饮空间，调性与一层相同，首尾呼应，给客人尊贵与品质感。

一层墙面大面积使用了咖啡色的条纹木镶板进行包裹，给人安定和精致的感受。会客厅嵌入温暖的真火壁炉，加之东方韵味的现代家具，使整个空间更有气场和迎客的氛围。通过精致的黄铜楼梯和深色木制墙板来到二层，眼前豁然开朗，色调也变得明亮。高耸的书架和大体量吊灯带来强烈的视觉感。一座纯白优雅的旋转楼梯像雕塑般将二三层自然联系在一起，打破了传统楼面生硬的切分疆界，使本身割裂的两层空间也有了互动，优美的曲线也成为视觉焦点。除去挑空中庭的聚会空间和独立的书房，设计师在二层设置了四个相对独立的小会客室，为会员提供了私密的交流场所。艺术是大自然映现在人间的作品，原生态的百年木桩做成茶桌，充满了时间的力道与厚度，有一种静谧的天然力量，不自觉将心放缓下来。

君邻大院

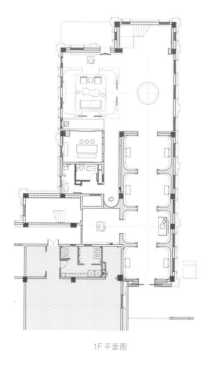

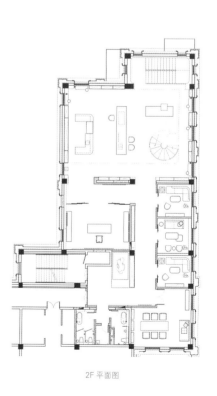

1F 平面图   2F 平面图

杭州湾祥源·漫城销售中心

设计单位：EH DESIGN GROUP 易和室内设计
设　　计：林海、吴鑫宏、周童童
面　　积：1,390 平方米
坐落地点：浙江杭州
完工时间：2019 年 11 月
摄　　影：三像摄

灵动生长的诗意空间

延续建筑"道法自然、有机生长"的设计理念，设计师团队从古典拱券提取经典符号，从自然里寻找造型肌理元素，通过大量的人造石与木饰面的运用，打造出极简现代的感受，塑造出建筑、室内、艺术品一体化设计的交融感。

拱券结构承载承重建筑使命外，搭配建筑立面大片的落地玻璃，让山光水色尽收眼底。相较于直线而言，简约的曲线以独有的韵律性和节奏，给建筑增添了柔美与灵动。配以碧绿玻璃、木纹材质，模糊了自然与既有城市空间的界限。各功能区既相互独立，又彼此依存，蜿蜒曲折之间，空间随之焕发无限的生命力。

沙盘区的上空，水滴形的吊灯错落排布，如水母般浮游于空中，以当代艺术手法呈现杭州独特的地域文化。而在有节奏的空间内，各区域层层递进、分区细腻，满足不同场景化的功能需求。

白绸缎般自然回环旋转的楼梯，可静观，可动赏；可铺底衬托，可独立成景，却又寂静平和，烘托出间接空灵的气质。不张扬，不喧嚣，与暖色的灯带碰撞融合，宛若绝美艺术品。连接水吧台和拱券造型边缘，以令人惊喜的圆柱体造型出现，成为观赏北窗水景的绝妙视角。

洽谈区被各功能区自然划分，气派敞亮。室内玻璃落地窗，将窗外景致引入，成为窗内一隅。而室内景致之于室外环境，亦互为衬托。同时，设置于此的电子屏幕，可适时变身为一个围拢式空间，满足交流与展示需求的同时，科技感十足。

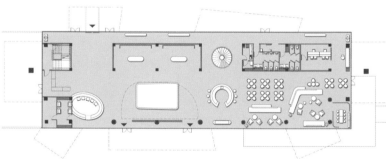

1F 平面图

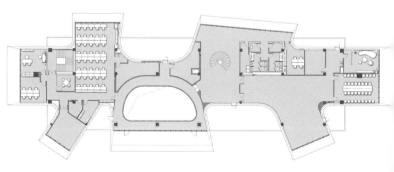

2F 平面图

1 | 2　1. 拱券结构独有的韵律性与节奏
2. 碧绿玻璃模糊了空间的界限

1	3	4
2	5	

1. 沙盘上空水滴形吊灯错落排布
2. 分区细腻的场景化的空间
3. 白绸缎般自然旋转的楼梯
4. 楼梯局部
5. 气派敞亮的洽谈区

大发永康融悦湾展示中心

设计单位：上海飞视装饰设计工程有限公司

设　　计：张力

参与设计：戈朝俊、段永凯、吴飞、叶蔚

软装设计：赵静、韩雪、董茹瑶

面　　积：400 平方米

主要材料：灰色艺术漆、白色艺术漆、保加利亚灰、黑钛不锈钢等

坐落地点：浙江金华

完工时间：2020 年 2 月

摄　　影：三像摄 张静

1. 极具艺术感的前厅
2. 接待一角
3. 顶部灯光造型如星空般延伸
4. 独立接待室

项目位于浙江省中部，是闻名海内外的"五金之都"和旅游胜地。周边居住氛围浓厚，社区配套成熟，教育资源丰富。新生与永恒是本项目思考的主题，以几何的创新组合形式展现新生，以空间色彩的配合呼应永恒。极具艺术感的前厅拉开一场梦幻之旅，展示空间地面是细腻温和的大理石，整体线条如流水曲动，蜿蜒的金属艺术摆件，附带镜面效果，营造出"实"与"虚"的重叠。

顶部的艺术灯光造型如星空般延伸，让整个空间更具神秘与通透感。轻度致幻的光成为焦点。大中小不同尺寸的水珠造型，表面不锈钢材质映射出周围的线条，更加的时尚前卫。地毯绒质的柔软，灯光与金属饰品的高度精神气质相结合，达成静逸微妙的触感，更凸显出现代时尚的艺术气息。造型别致的金属装置回馈着自然的光泽，从而整体呈现出玲珑剔透、别具特色的艺术风格。水舞间宛如艺术之境，穿越时空的浪漫，提供了无与伦比的展现。辅助以金属作为点缀增加气氛烘托，将散乱的颜色重组排列，并列于空间特质中。

1F 平面图

1. 灯光与金属饰品形成静逸微妙的触感

2. 空间色彩的配合呼应永恒

3. 金属装置回馈着自然的光泽

深圳榕江·云玺营销中心

设计单位：深圳市盘石室内设计有限公司
设　　计：Michele Mole、吴文粒、陆伟英
软装设计：深圳市蒲草陈设艺术设计有限公司
面　　积：1,000 平方米
坐落地点：广东深圳
完工时间：2019 年 11 月
摄　　影：绿风摄影 陈维忠

去往原始的未来

鬼斧神工的自然洞穴历经上千年风雨的洗礼，最终成就其独特的自然风貌，体现宇宙间无穷无尽的力量及生命力。鳞次栉比的高楼连绵不绝，现代科技日新月异，当你回到"自我空间"时，是否真正回归了自我？也是否已遗忘了生活的本初？"自我空间"的本质是让回归其间的人们无所顾忌的放下一切，感到舒适愉悦。似远古时期，给予人类最初的包裹感的洞穴，原始、虚无，却赋予空间与人无限的可能性。无，亦所有。位于深圳前海的豪宅标杆——榕江·云玺营销中心，由 2015 米兰世博会"意大利馆"主场馆设计师、意大利共和国艺术文化总统勋章获得者 Michele Mole 与盘石设计联手出品，引自然注解，融入绿色、可持续设计的前沿思考与尝试，助力国际湾区时代作品，共同打造都市高端生活标杆。

天然的采光是绿色节能设计的基础考虑点之一，最大限度地引入天然光线，深化室内空间与自然的情感链接与交流。定制的新型绿色环保材料令空间成为一个自由的生命体，畅快地"呼吸"着，大量微孔结构的板材，拥有吸湿与释湿的循环室内温度的功用，创造出适宜人居的空间环境尺度，极大地节约了能耗，一时四季温凉的消逝，或也全然无觉。在材料的运用上，一如既往地尽可能克制着，弯曲的表面由轻型材料构成，令空间生出无限种可能性，如同从缥缈间蜿蜒而来的水流、神秘地弥漫在半空之中，营造出极具未来感的场所精神与空间气质。无限延展而去的曲线予人视觉上的永续感，呈现出"少即是多"的平衡美感，减少不必要的材料消耗后，只余下本色充盈其间，领悟专注的美丽。

让自然来"做设计"，尽可能地减少人工的痕迹，等待自然的馈赠，回归对人居生活本质的思考和探寻。水浸入深处，铺织漫绕，层层延伸开去，幻化出形似溶洞般的奇幻秘境，以水之灵秘拂去了外遭的喧嚣后，永恒的序曲由此拉响。

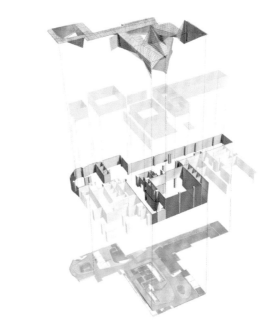

空间分解图

空间概念图

1	3
2	4

1. 空间艺术化装置

2. 空间趣味性

3. 前台细节

4. 空间一角

1	3	4
2	5	

1. 空间像一个自由的生命体
2. 轻型材料构成弯曲的表面
3. 空间的流动感
4. 接待一角
5. 地面灯光艺术

爱漫文旅小镇隐庐别院

设计单位：布鲁盟室内设计
设　　计：邦邦
参与设计：田良伟、钟夕、杨钧婷、陈镜佳、罗兴艺
面　　积：584 平方米
坐落地点：湖北应城
完工时间：2019 年 8 月
摄　　影：感光映画 严丽霞

被雕刻出的时间与记忆

布鲁盟设计师邦邦在设计中执着于对文化的寻回，通过演绎在地化的人文与风情，打造出一个拥有独特灵魂的文旅项目。前期调查中，设计师发现了一颗来自自然的遗珠——膏岩层，其作为亿万年水汽蒸发的结晶，膏岩光洁白亮的外表上，留下了水和时间共同的刻痕。设计师希望这些细节能提供另一种"时间与记忆的通道"，将水、岩、光、色当作介质，改变进入者对时间和心理节奏的感知与需求。

膏岩层的意象，在空间中被完美演绎。以藤壶造型和手工质感的粗陶装饰，目光所及之处，轻易就能发现时间留下的划痕，已经风化成岩石色泽的动物头骨，进一步点染出"远离尘世"的风味。白色流线装饰下的座椅，仿佛长时间流水冲刷形成的岩穴。搭配着漂流木风格的桌椅摆件、软垫和枝状吊灯，这些座位成了一个个柔软又安全，能将人包裹起来的迷宫。

从色调形状，到流势动态，岩、水以及与之相关的种种细节，偷偷将另一组时间速率刻入进入者的心理，协调统一的气氛，与人的想象和回忆产生共鸣。大量的原生态元素装点空间，自然山水清寂的凉意自外向内漫入，人文风物融融的暖意由内而外散开，相辅相融，时光的脚步由此变缓，空间内的一切在此显得十分安宁清雅，满足慢旅生活家贴近山水、归心自然的愿望。

平面图

1 | 3
2 | 4

1. 空间呈现出返璞归真的纯粹
2. 接待区局部细节
3. 质朴的装饰留有时间的划痕
4. 独立接待室

德信·空港城

设计单位：GFD 杭州广飞室内设计事务所
设　　计：郭艳
参与设计：叶飞、沈伟
面　　积：1,700 平方米
主要材料：水磨石、烤漆铝板、艺术漆、镜面金属、黑钛
坐落地点：杭州
完工时间：2020 年 3 月
摄　　影：余几美学

　　"极简至美"是一种剥离了繁复，寻求本真的生活美学。设计师以人为标尺，打破固有的空间疆界，运用解构主义手法，将当代艺术美学融入整体意向，营造出质实而空净的美学空间。

　　浅色半弧形门厅营造出空灵的气息，灯带隐匿在不规则几何形内，线性所带来的利落质感了然于目，墙面的竖状条纹铝板在光线变化间增强了门厅的形式感，耳目一新。进入主厅，强烈的整体结构和流线造型占据视觉，动线轻捷稠达，大面积白色干净通透，附有艺术感。大块落地玻璃窗将自然之气丰盈内部，光与空间交互而行，引人遐思。走过沙盘区，蜿蜒而行的楼梯居于主厅一侧，连绵的线条通达二层。椭圆形沙盘位于中心位置，盘踞上方的吊灯以水波纹镜面为顶，使得光线在四周盘旋蔓延，流光溢彩，映射出宛若星河的梦幻之境。落地窗一侧是洽谈区，解构性弧面立柱从视觉上间隔了各区域，满足各类商谈需求。卫生间过道以线性灯带不规则渐进分布，充满未来感。

　　走上通往二层的台阶，白色线条随行而至，吊顶水波纹镜面叠影重生。二层以休闲洽谈为主，主色调颇为暖意。楼梯上行而至，一侧是品茗区、会议室、VIP 接待室和工作人员办公区域，另一侧是休闲区。黑白两色上下层叠而至的服务台位于楼梯口，便于引导。休闲会谈区靠近采光良好的区域，立柱与吊顶造型线条分隔了不同区块的功能配置。弧形屏幕墙在二层空间中引人瞩目，空间线条利落大方，为不同形式的活动提供理想空间。

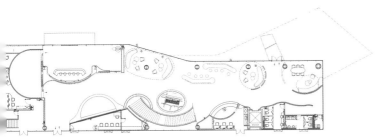

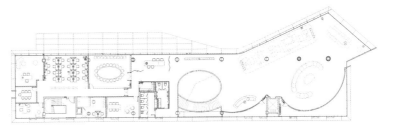

1F 平面图

2F 平面图

1 | 2
  | 3

1. 建筑外观
2. 光线在沙盘四周盘旋流光溢彩
3. 蜿蜒而行的楼梯

1 | 3
2
1. 强烈对比的新旧建筑
2. 院内山石嶙峋乔木掩映
3. 洽谈区入口

永威·山悦售楼处

设计单位：北京集美组装饰工程有限公司
设　　计：梁建国、蔡文齐
软装设计：北京集美组装饰工程有限公司
坐落地点：河南郑州

青山故里

位于郑州荥阳的石洞沟村，一个离"炎黄"祖先不远的地方，连绵不断的黄土山丘之中，有一种与城市天壤之别的生活美学和心灵秩序。这里的低矮丘陵在几千年的流水冲刷过程中，本来平整的地表形成了许多沟沟壑壑，而石洞村就在这些沟壑之中，这样的地理条件为古人的穴居提供了条件，人们挖建"窑洞"，起灶设榻，命名为"家"。

在没有实施文化保护之前，几处残存的"窑洞"，像一张没有留下底片的旧照片，丢弃在杂乱的暗室里。经过了修缮之后，它们韶光重现，与一组新建筑一起，成为"故里"。新与旧的建筑，在产生强烈对比、反差的同时，彼此联结、融合。新建筑呈现了"当代"的居住文化，讲究科学、便捷和舒适。而窑洞则代表了"传统"的居住文化，它以中原宏大的文化背景为基座，由先人递到我们的手中，有容颜，有体温，有光阴的故事。它不是凭空伪造的，而是真实存在的，在时间的作用下，成为深壑幽谷中的一部分。它让我们知道，不止未来有惊喜，回到过去也一样会有惊喜。

如今，"故里"的新建筑被作为售楼和会所的功用，用于招待回家的人们。它的建造也循自然的规矩，依随"地势"而建，高起，低落。院内山石嶙峋，乔木掩映。泥坯墙延续了古老窑洞的肌理，用最为原生态的做法造出。泥土沉积，世世代代，生生不息，它亲切、朴实，堆积起中原人真挚的情感；室内的情境是当代的，又带有中国味道，光影交错间，意向流转，诗情、画意相参；窑洞的存在，像是这里的原始密码和精神注脚。修整后，它安全、舒适，又因反差而极富艺术感。你大可邀上几个同伴，一声"别来无恙"，挑帘入座，或是青梅煮酒，或是对弈纵横，又或者安安静静地喝杯茶，说些闲适的话。

世界变化太快，我们走了太远。十里喧嚣，华灯璀璨。终不如，青山故里。

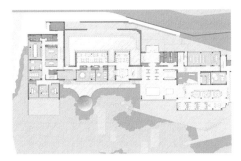

1F 平面图

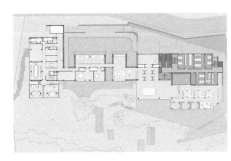

夹层平面图

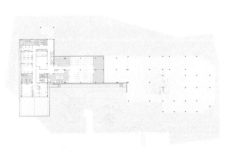

B1 平面图

1 | 3 | 4
2 | 5

1. 接待一角
2. 围合的洽谈区域
3. 窑洞细节
4. 泥坯墙延续老窑洞的肌理
5. 原始密码和精神注脚

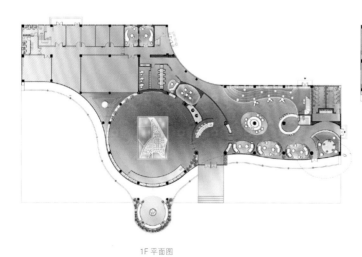

1F 平面图

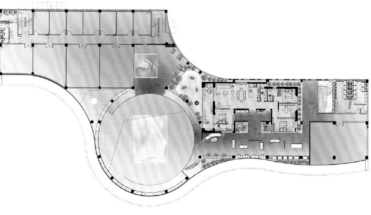

2F 平面图

山海湾营销中心

设计单位：RWD 黄志达设计师有限公司
设　　计：黄志达
主要材料：大理石、艺术玻璃、木饰面、皮革硬包、金属
面　　积：2,680 平方米
坐落地点：云南昆明
摄　　影：陈维忠

感知自然 书写人文

山海湾营销中心坐落滇池湾区，满载昆明百年变迁，俯瞰城市繁荣，近观滇池湖景，繁华生活与理想的湖居完美融合。RWD 擅长将商业思维融入设计，构造新商业生态时代生活场景的完美体验。团队在山海湾项目设计过程中，一直对山水自然与商业设计共生的命题进行不断探索与实践。

设计通过对昆明自然环境的解构与重组，回归自然本质，取滇池之山、石、木、棉烘托原生态氛围，通过巧妙变化的光影旋律、张弛有度的空间节奏，营造出极具个性的场景氛围。入口处横纵交织、动静张弛、水滴欲坠，是流动舒缓的节奏，仿佛踏上一段艺术之旅，探寻自然与人文的奥秘。将"艺术图书馆"的概念融入山海湾营销中心，将实用功能升华至精神层面，引导人们在理性氛围中感受艺术气息，探寻当代生活美学。

通过光与影的结合，将波光粼粼的滇池水影融入建筑，满足空间采光的同时体现虚实层次之美。水晶亚克力挂件点滴璀璨，让空间更显通透，巨幅书墙如浩瀚星辰，带来强烈的视觉冲击感。弧形走廊转承空间场景，流畅的线条伴随建筑结构，目光所至皆显空灵交错的视觉美感。纯粹的空间色调奠定了项目平和典雅的氛围，不同材质围合产生的留白空间给予人无限想象。

山海湾将生活、艺术、阅读、商业融于一体，打造了沉浸式体验的阶梯阅读区，如同行云流水，塑造曲线之美。设计的美学沿着弧形展开，海埂长堤般流动的曲线透过光影赋予空间无限遐想，素雅的家具勾勒出洽谈空间的意境美感，突显闲适惬意的交流氛围，提升用户体验。设计的原意是创造更美好的生活，RWD 利用建筑交错方式及室内空间造型，构筑"艺术博物馆"，打造多元化的功能场景，探索设计的可能性及价值。

1 | 1.建筑外立面

蓝光·长岛城售楼处

设计单位：北京居其美业室内设计有限公司
设　　计：郭纯、刘芸芸、李白、李立文、肖雨轩、刘丹、国夫、戴昆
面　　积：1444 平方米
坐落地点：成都
完工时间：2019 年 10 月
摄　　影：Sam

1　2
　3

1. 券拱形门洞展现古典艺术底蕴
2. 蝴蝶围绕圆心起舞
3. 洽谈区域

在设计过程中，把平面做了古典拉丁十字的调整，十字是核心动线区域，然后在十字的四个角落，落实具体的功能分区，再加强动线与功能之间的连带性，方便在日后运营过程中进行分流，使空间可以灵活使用。这样在分流时，可以部分开启关闭和转换人群，这就是古典十字空间与流动空间的优势，也是设计师们一直痴迷于古典平面的原因。

灯光闪烁在蝴蝶造型的艺术品中，同心圆的秩序感和材质交错在此，迸发出直指人心的力量，如梦如幻。悬浮的巨大旋涡，运用水晶和玻璃材质，表现不断流动的节奏感；蝴蝶围绕圆心起舞，带着新生感，生命的华彩伴随璀璨光芒跃动。空间结构在细节上进行的考究，集合玻璃的"棱角"形状清晰可见，不同角度表现出不同的折射率，蝴蝶被解构重组。

洽谈区主色淡雅，墙面的浅米色在白色木作中延伸，与天花板相结合，空间的明暗和线条在此交织，整个空间充满高级感。券拱形门洞表现古典艺术底蕴，混搭着具有浪漫风格的蝴蝶艺术装置和黑白棋盘地面，碰撞出多维度的视觉冲击和个性主义。以利落的线条结构、丰富的材质运用，去表达空间的本质并注入感情，空间才会生生不息。

设计团队从古典平面到立面，置入几何元素，折衷装饰语言，捕捉自然中蝴蝶自身图案的生长姿态，是对造物主的敬畏。分解那完美的形态、比例、对称、平衡、着色，再以一种建筑学分析的姿态去重新构筑，再次对巴西利卡和罗马拱形的膜拜是创作的起点。几何重构是服帖的表皮而设计要以最自然的手法衍生风格。

首层空间平面图

1	4
2	3	5	6

1. 空间丰富的色彩层次
2. 饱满的软装陈设
3. 洽谈区主色淡雅充满高级感
4. 水晶和玻璃不断流动的节奏感
5. 空间一角
6. 自然形体简化为抽象符号

长沙五矿·万境潇湘售楼部

设计单位：广州市本则装饰设计有限公司
设　　计：梁智德
参与设计：梁淑华、林伟冰
软装设计：美致空间
面　　积：500平方米
主要材料：石材、木饰面、木纹铝、定制喷画玻璃、金属等
坐落地点：湖南长沙
完工时间：2019年5月
摄　　影：翱翔

1 | 2
　| 3

1. 建筑立于山水诗画之间
2. 首层通道
3. 沙盘区几何块状的叠加延续了秩序感

观境由心 归逸山水

长沙，拥揽山、水、洲、城，开万境，立万象，裁抒自然之禅，尽陈人文之蕴。在万境潇湘项目的设计中，设计师传递了万象由心、境界洞开的东方禅意，于山水诗画之间，达至天人合一的哲美臻境。光影随风入诗境，建筑的美学尺度悉数衬于可见的山石、水幕、折阶、庭树，与无限绵长的人文底蕴相和，构建出一方灵韵天成而隐逸自在的天地。

水景的回环动线以建筑为圆心视点，经由石阶周折引入，传递东方隐逸，层层递进，曲径纵深，流水潺潺。檐侧落雨帘，大珠小珠浑然归一，又周而往复，激起点点涟漪，回旋在空濛的意境之中。长幅泼墨山水画卷围合起建筑与堂前朗阔之地，山石水景各有逸趣，又富于形、归于道，重置当代语境下的东方文化认同感。

空间布局上先藏后露，随之徐徐行进，感受几何块面带来的闭合与通透等变化，以及视野延伸下的物我状态。行至转角处，借助墙体前后块面的错落，大理石与木艺拼接出一个清静端雅的水吧空间，起承转合的雅棕与玄灰主调，涵容书架上瓷器、花艺、卷帙的比例，构图上呈现一种清新澄净的艺术感。沙盘区轩然朗阔，几何块状的叠加，运用于沙盘底座，延续了端秀而雅正的秩序感，衔接起峰峦百转、岚烟迁漾的画意诗情，于温煦淡雅的氛围中，一探空间的境中深趣。木艺天花的不规则层次，恰似山峦的连绵起伏状，又如玲珑精致的雾凇切割面，设计的寓意游走在虚实之间，于东方情致的隐喻中，并置为空间格调的韵脚，立意高远，诗性旷达。

本则设计以清逸灵秀的当代设计，辅之东方的物象美学与深厚的精神底蕴，诠释万境潇湘之于品质人居的拓展意义，呈现了自然与传统交叠、人文与当代并置的隐逸场景，将空间的平面范式扬升至立体视像的高度，真正让人观境由心，归逸山水。

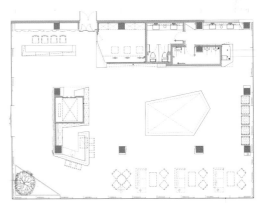

1F 平面图

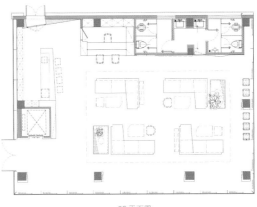

2F 平面图

1 | 3
2 | 4 | 5

1. 门厅接待
2. 接待区木艺天花的不规则层次
3. 吧台与洽谈区域
4. 路与水
5. 庭院山石水景的逸趣

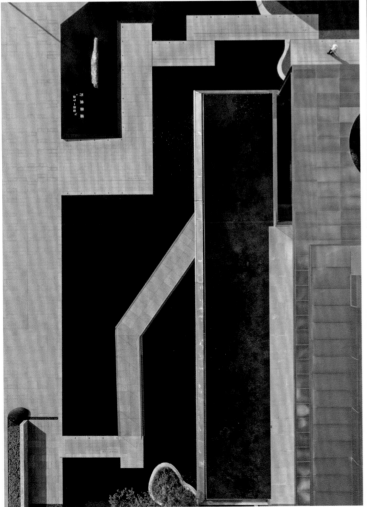

杭房御东方售展中心

设计单位：刘荣禄国际空间设计、甲鼎设计、京典陈设
设　　计：刘荣禄
参与设计：厉亦凡、裴丹、周逸莹、严思斯
面　　积：1,028 平方米
坐落地点：浙江杭州
完工时间：2019 年 1 月
摄　　影：王厅

<table>
<tr><td>1</td><td>3</td><td rowspan="2">1. 椭圆形会议桌
2. 楼梯下的洽谈区域
3. 幕墙的金属光泽透露东方美学
4. 光的场域</td></tr>
<tr><td>2</td><td>4</td></tr>
</table>

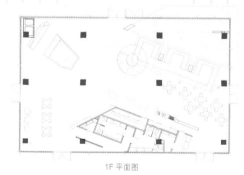

1F 平面图

2F 平面图

城市星光璀璨

现代美学叙事，通过日月星辰的光辉聚合和建筑空间的流畅演绎，设计师勾勒出时空的韵脚，折射新生活哲学的未来之境。大厅借由自然光线和建筑线条的铺层，提炼空间结构，与金属材质造型的丰富层次，幻化出光的场域。让人置身其中，一步一景色，俯拾之间即见日月星辰。灵动的线条仿佛飘浮的流云，在钢筋水泥之外呈现翩跹云上的意境。多重灵动的弧线，打破既有城市空间的想象，解构当下风潮。白色空间的无界表达，与旋转而上的圆弧阶梯，制造出一种云上漫步的错觉，将日常平凡的视角移高到云巅。

高空缓缓垂下几盏帷幔灯饰，于星空下的呼应，璨若星辰，如璀璨的星光划破时空，定格优雅光影中的世界，与幕墙的金属的光泽透露东方美学智慧。如水自由、如云悠然，向往亦真似幻地成为空间的隐喻，开启美好生活哲学的追随。每一个当下，都向往着月与星辰的未来。洽谈区的不规则沙发与茶几将功能和故事形成聚合与散落的自然氛围，韵律神采现流光，踏着时空的旋律，星辰未来可期待。华丽的光线演绎着时空的韵脚，如浩瀚星空璀璨浪漫。杭州城市新名片，见证这段旷世耀眼的摘星传奇。

缘起，云聚，光合，掬水观云，仰戴星月。"杭房城发好·御东方"项目售楼中心，设计师让素淡雅致的东方美，闪耀着后现代的光芒，成为关于可见未来的时代寓言。

1 | 3
2 | 4

1. 洽谈不规则家具形成聚合与散落的氛围
2. 灵动的线条仿佛飘浮的流云
3. 旋转而上的圆弧阶梯
4. 大厅金属材质造型层次丰富

卓越东莞麻涌销售中心

设计单位：广州道胜设计有限公司
设　　计：何永明
参与设计：赖添保、刘丹云、黄峥华、黄秀华、吴乃善
软装设计：广州道胜设计有限公司
坐落地点：广东东莞
完工时间：2019 年 4 月
摄　　影：彭宇宪

1 | 4
2 | 3

1. 前台造型为龙舟造型的简化
2. 空间的留白手法
3. 落地窗将山水之景化为点缀物
4. 曲面层层交叠形成错落有致的块体

本案坐落于麻涌，是道胖设计为卓越集团在水乡地区打造的临时销售中心。销售中心具有接待展示的功能，带有商业目的，但从设计层面考虑，销售中心应更多为街区展现地域文化，从而带来设计活力。设计师细观麻涌自然地景，涓涓流水温柔有力，便以此为构思，借由水流动线和山体穿插的造型在整个空间立面上进行艺术创造。

碧波荡漾，泛起阵阵涟漪，水纹宛如縠皱之形。设计师将这生动的瞬间捕捉，将其形态具象化，糅入室内结构当中，勾勒出立体的轮廓。曲面层层交叠，形成错落有致的块体，其线条如水之形，造型如山体之状，成波澜壮阔之势，蔓延于室内，加强了空间的戏剧张力。清清流水，遇溪石则分，缓缓流动，其中线条蜿蜒曲折，化为本案的参观动线。空间形状不一的艺术块体，将各个区域巧妙地进行划分，同时让入室动线趣味生动，此路径宛如逐水流动，穿梭于溪涧之间，触动想象，诱发别样的空间体验。

通透亦是本案的追求，落地窗将室内外的界限打破，山水之景化为点缀物，室外亦可窥探室内的空间，从而形成互动。空间陈设采用留白的手法，以洁净的白色为主题颜色，黑色为辅，摒弃多余的装饰，解放双眼的束缚。前台造型干净冷冽，为龙舟造型的简化。垂直而下的吊灯是雨滴的化身，仿若下一秒就要滴落融于空间之中。洽谈区座椅采用弧形设计，回应空间的主题，亦加强了交流。因空间的留白手法，人变成了空间的主体，同时也是空间流动的艺术品。

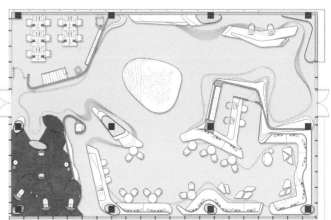

1F 平面图

1 | 2 / 3 | 4

1. 空间的纵深感
2. 以白为主黑色为辅解放双眼
3. 线条如水之形加强空间的张力
4. 吧台局部

昆明中海・寰宇天下

设计单位：P A L DESIGN GROUP
设　　计：何宗宪
软装设计：深圳乐居空间设计有限公司
面　　积：900 平方米
坐落地点：云南昆明
完工时间：2019 年 6 月
摄　　影：张骑麟

1	2
	3

1. 接待台细节
2. 高挑的层高给予足够的舒展空间
3. 深色到浅色自然过渡展现天空景象

云海之上

自然是最丰富的创作来源，自然的无限能够给人们的生活创造带来有形、无形的设计灵感。昆明中海巫家坝售楼处，以艺术化的手法对云海的形态进行再创造，将自然形态转换为设计，展现自由无界的云海之境，采用现代手法，让都市生活和自然气息糅合。

整体空间以蓝天的肌底作为空间的主背景，由深色到浅色自然过渡，以不同装置、饰品和材料展现不同程度的天空景象，大型的艺术吊饰串联各区域，以旋转螺旋的姿态营造出似风柔和的感觉。大型的艺术吊饰从二楼延伸至接待大堂，高挑的层高给予它足够的舒展空间。大型的艺术装置实则是一片片独立方块的组合，通过调整方块不同的斜度和高度塑造成此起彼伏的波浪，婀娜的回旋令人对内在空间充满了幻想。随着波浪走入室内，是被蓝绿色包裹着的沙盘区，建筑模型上空盘旋着闪烁的云雾，方块内内嵌的 LED 灯片营造出阳光折射下映射的云层景象。

洽谈区大面积落地的玻璃幕墙带来室外明亮的自然光线，透过透明的玻璃让屋外的阳光美景洒入室内，让自然的光景在空间内延伸，室内外在此无缝切合。水吧一侧的洽谈区天花以穿孔造法，图案由密至疏，造型与模型区艺术吊饰相呼应。靠窗一侧的洽谈区则以拉膜灯箱天花，与此处渐变的沙发相映衬，颇有"海天一色"的景象。二层的空间设计更加时尚干练，以白色作为主色，些许的蓝色点缀，大理石材料与皮质的沙发搭配，简单的隔断，保持洽谈时的独立，更适合商务洽谈。"以空间为底，让自然作画。" 设计师的笔下云海蓬勃的姿态融入到空间之中，以渐变的色块展现巧妙的展示太阳折射下的云海之境，灵活的吊饰让人的视觉体验变得灵动，蓝天白云仿佛触手可及。

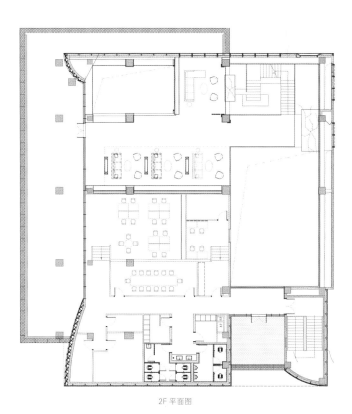

2F 平面图

1　|　4
2　|　3　|　5

1. 自由无界的云海之境
2. 洽谈区局部
3. 楼梯场景
4. 艺术装置为一片片独立方块的组合
5. 白色为主色调的童趣

苏州私人别墅

设计单位：NICK 设计事务所
设　　计：尼克
参与设计：杨磊、郝露、王钲皓、沈张
面　　积：700 平方米
主要材料：木饰面、金属、钢化玻璃、水磨石
坐落地点：江苏苏州
摄　　影：邓春

这栋位于金鸡湖畔的别墅，整个空间以自然、田园景观为主，平实而精致，显得自然、轻松、休闲与质朴。别墅由尼克设计事务所设计，由前院、后院、主建筑构成。室内空间一步一景，构造巧妙，其简约雅致的外立面、富有人情的内廊结构、园林水系的和谐自然要素，正在被越来越多的追寻……

设计师通过室内外场景变换的层次，来表达人与自然所处在一个最为舒适的维度。放眼楼上空间，在减少一些不必要的装饰后，整个氛围变得更加宽广舒适。浅灰色沙发与白墙和浅灰色地板相呼应，让整个空间显得丰富又简单。整个空间没有一丝多余的材质，灯光角度、画面留白，一切都那么恰到好处。

空间面积很大，在这样宁静的空间当中采用隔断的设计。整体的空间设计除去浮躁夸张的装饰，给人以舒适轻松的居住环境。空间是大方淡雅、仪态天成，是返璞归真、从容安适……

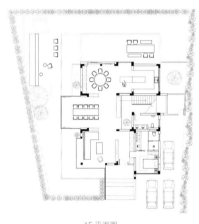

1F 平面图

2F 平面图

3F 平面图

1　1. 洒金的阳光勾勒客厅
2　2. 富有人情的内廊结构

在老上海人的记忆中，美华邨是上海当之无愧的第一国际社区。百年美华邨，充满古典艺术气息和人文修养，空间艺术的极致品味演绎着最纯粹的海派风情，血统尊贵的豪宅气质更是让当下的高端住宅难以企及。

负责美华邨某别墅建筑修复的是建筑大师 Benjamin Wood，室内设计及软装陈设则由设计师黄全担当。在此番设计的过程中，本着"修旧如旧"的特点，将人们对于美华邨的依恋与现代生活进行平衡，以近乎完美的设计，成就上海又一奢华人居地标。别墅设有多处入口，随意打开便是绿意盎然的私家庭院，伴随着阳光将自然灵气带入室内。红砖墙包裹的外衣下，设计师黄全用温婉的笔触描摹岁月迭代的点滴，复古的场景为新故事奠定结构，时代的感知和记忆被唤醒。站在缅怀的过往揭开崭新的生活并非易事，昔时旧忆如倾倒的光珠，温柔地散落进现世的美学里。

从建筑外观到室内，拱门设计无疑是空间中最引人注目的亮点，经典的几何线条在空间交汇处划下潇洒自由的一笔，破格又落定，促成双空间的融合，每一个构件都在美学态度的牵引下找到最合适的表现形式。素净的米白色为空间的主基调，复古横梁与老上海窗格将空间轻柔切割，连带着映入室内的光也多了几分雅致。

室内的陈设细节表达了黄全将别墅与自然融为一体的设计思维，花卉、木条，乃至墙上的艺术画作，都用若有似无的自然元素注入访客脑海中，余韵悠长。在开放式餐厅汇入尊贵的墨绿色，温情而清醇，神秘中带着些许明朗，似幽深林间漫溢出的一股清泉，在海派复古格调中自在游畅。休息区设置了参差错落的琉璃荷叶天花艺术装置，用现代的手法将东方的美学意蕴糅入空间表达，展现不一样的东方风情。恬静淡雅的木香始终萦绕在每一寸被日光照射过的地方。艺术是嵌入时光罅隙里的微尘，须臾飘浮后又在想象的犄角落定，以一种持续发生的状态，从容地生动着……

1	3
2	4

1. 旧日尊贵的建筑外观
2. 隐藏在树荫里的建筑
3. 复古横梁与老上海窗格切割空间
4. 经典的拱门造型

美华邨某别墅

建筑修复：Benjamin Wood
设计单位：WJID 维几设计
设　　计：黄全
面　　积：350 平方米（室内）、600 平方米（庭院）
坐落地点：上海
摄　　影：释向万合

1. 墨绿色的餐桌温情而清醇
2. 休闲空间的红色丝绒沙发
3. 装饰摆件为空间注入灵韵
4. 窗前一角
5. 室内陈设细节

1		3
2	4	5

1. 几何线条延展空间美感
2. 主色调以素简灰、浅淡棕为主
3. 纯粹睿酷的场域气质

南通万科翡翠心湖别墅

设计单位：ENJOY DESIGN 广州燕语堂装饰设计
设　　计：郭捷
面　　积：150 平方米
坐落地点：江苏南通
完工时间：2019 年 4 月
摄　　影：广州万隽视觉

自由的生活家

美学让生活回归本真，以使用者的视角投射期望与理想，置入丰富鲜活的生活场景，游刃有余地构建生活方式，才能让人真正沉浸其中，共频共振。男主人业余喜爱哈雷机车，女主人是自由服装设计师，项目基于空间使用者的审美主张与个性需求，在设计中尝试传达出使用者时尚睿酷的外在气质、个性友好的内核精神，为使用者追求自我的精神需求而不断完善设计。设计师将生活的大场景与美学的小细节穿插交织，设计了一个前卫、睿酷、追求自我的生活空间，成就集艺术格调与生活趣致于一体的临湖墅居范本。

在深深浅浅的灰调之间，设计师将客厅与餐厅空间内的几何元素、线性语言一一转换为设计的美学意趣所在，统摄在规则与不规则艺术蕴涵之中。客厅中光洁的大理石、雅士灰扣布、三折金属屏风相映成趣，既构成材质对比与色调碰撞，又在品质感层面格调一致。设计师摒弃累赘矫饰，使平和简净的空间内涵清晰可感，纯粹睿酷的场域气质呼之欲出。餐厅以素简灰、浅澹棕的主色调展开，于睿酷黑的光面与镜像观照下，在清新花艺烘托中，刻入浓郁的生活气息烙印，四时三餐的趣致基于人与空间的互动而蔓延开来。

家庭娱乐区延用客厅的家具形制与设色意图，当代设计的美感自几何线条延展开来，丰富着空间的表达。三五亲友，围炉对谈，杯酒抒怀，生活意趣在此积聚与沉淀。时装工作室中私享工作区与洽谈场域组合而成，女主人可以全情投入灵感、自由创作，拥有一个品味卓然的自我实现小天地。

主卧延续睿酷的视觉定调，设计师将雅隽灰调大范围适用于休憩场域，灰度的质感与舒适度呼应着空间主人的气质与品位，凹凸有致的几何立体背景墙更添一份艺术韵律。空间精致而不张扬，是隔绝外界尘嚣的心灵栖息地，沉谧简宁的氛围调节着人的心绪，让人不觉漫游在当代美学造就的精神世界。空间是承载日常点滴生活的容器，在长辈房的设计上，设计师把控色彩与块面组合的细节磨合，融入低调静宁的意境，雅隽花艺、撞色挂画、趣味摆件等饰物格调考究，为休憩场域注入自然宁静、简约明雅的生活气息。

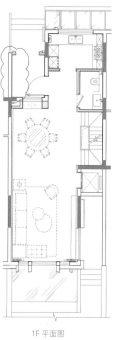

1F 平面图

2F 平面图

3F 平面图

B1 平面图

1. 酷炫机车为视觉重点
2. 纯粹简约的现代手法雕琢空间
3. 品味卓然的自我实现小天地

半山行馆

设计单位：十上设计

设　　计：陈辉、汪庆林

面　　积：800 平方米（室内）、1500 平方米（园林）

坐落地点：福建

完工时间：2019 年 6 月

摄　　影：李玲玉

半山行馆，坐落于半山之上，平视着远处的层峦与天际线，整个行馆占地面积近2600平方米，超大的空间尺度，空悬而立在整个城市之上，带来极佳的俯瞰视野。该项目始于一个废弃的山中旧房，由景观开始，结合建筑与室内，优化整体环境的动线、功能与空间，阐述建筑、环境与人的共生关系。入口处的照壁，增强进入行馆前的过渡与仪式感。引入"水"元素，于开阔的庭院空间内打造下沉式休息区，用线条去贴合建筑结构，水系围绕、延伸，直至观景台，凸显碧水云天的空中意象。

室外是诗意的化境，自然意象融于内心，通过空间表达出心中有山水，气象万千。楼梯向地下室延伸的空间，造景以简化"山水"过渡不同区域。以表达居者追求仪式感和生活情调的心境为基础，意图强调空间的社会属性和艺术性。设计归于简约，玻璃外墙确保了绝佳的景观视野。清风拂面，逍遥自得，门外便可融于自然的风景之中，落地窗引进风景，浴山中景，惬意非凡。

1. 楼梯向下的延伸空间
2. 自然的风景引入
3. 极佳的俯瞰视野
4. 餐厅一角
5. 卧室与休闲阳台

建筑园林平面图

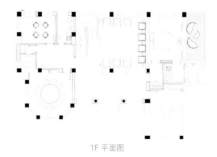

1F 平面图

2F 平面图

棕榈湾别墅

设计单位：叙品空间设计有限公司
设　　计：蒋国兴
参与设计：叙品团队
软装设计：叙品团队
面　　积：900 平方米
主要材料：仿山水画大理石瓷砖、白色乳胶漆、灯膜、玻璃砖等
坐落地点：江苏昆山
完工时间：2019 年 12 月
摄　　影：牧马山庄吴辉

极简家 极致爱

家是尘世间的一片净土，以极简美学诠释家的温度，让空间变得纯粹。"万物之始，大道至简"，本案化繁为简剔除一切冗余装饰，只留下岁月馈赠的沉淀。黑与白作为空间的主基调，勾勒出的场景却丰富多彩，就像生活的惊喜一样无处不在。极简，不只是一种设计风格，更是一种生活态度。

客厅及主要房间地面都采用水墨画瓷砖，用简洁现代的手法表现中国山水元素，典雅却不古板。客厅大幅海报照片墙记录成长的点滴记忆，造型简约的黑色桌椅，颇具张力的雕塑和黑色钢琴，带来强烈的艺术气息。餐厅氛围清新怡人，恰好为家人带来愉悦的用餐心情。阳光正好的时候在院落里对坐发呆，也不失为一个奢侈的享受。

茶室入口处一艘小船承载着夕阳的余晖，不知是停靠还是驶向远方。一泊古船、一汪水景与一丛草木，茶室中古朴禅意与现代材质玻璃砖墙面的碰撞，逸趣横生。快意人生，不仅有美酒，更要有好茶。对于钟爱江南文化的设计师来说，山水画和品茗意境最是相得益彰，有此背景的山水灯膜为品茗增添了几分意境。

主卧更是黑白分明、干净有力，简洁清晰的线条，精致细腻的工艺收口，功能性与实用性兼具，展现出极具想象的视觉效果。布满镜子的更衣间不仅提升了空间感，也让整个空间更加有趣。繁华褪去之后的宁静，每一个角落都是自然舒适的。极简家，极致爱。

1F 平面图

2F 平面图

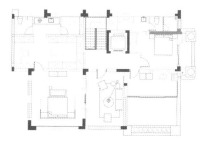

3F 平面图

1. 室内一角
2. 餐厅清新怡人的氛围
3. 化繁为简的空间场景

$\dfrac{1}{2}$ | 3 | $\dfrac{4}{5}$ | 6

1. 白色空间与黑色家具形成视觉冲突
2. 典雅的水墨画瓷砖
3. 布满镜子的更衣间
4. 艺术雕塑
5. 茶室入口
6. 典雅的水墨画瓷砖

黑白摄影之家

设计单位：Wutopia Lab 非作建筑
设　　计：俞挺
参与设计：郭宇辰
照明顾问：张晨露
面　　积：543 平方米
坐落地点：上海
完工时间：2019 年 6 月
摄　　影：CreatARImages

Wutopia Lab 的一次新冒险

Wutopia Lab 受业主委托在上海中心弄堂深处，把一栋不允许改动结构的老房子设计成包括庭院、微型私人画廊、家庭办公和居住的隐秘之地。这栋老房子原本是 6 户人家聚居，形成复杂的空间格局，包括 4 个小卫生间和 2 个厨房。根据房管部门的要求，房屋结构、在平面格局、外立面、玻璃钢窗、未破损的马赛克地砖地面、厕所的位置和大小，包括树木的位置都不可以改动。

建筑师决定以颜色作为设计的独立和唯一的建构基本要素来塑造空间质感，放弃结构构造空间而用颜色来塑造。把不需要的门都去掉，打开空间，形成绰约有光、层次丰富的背部空间，从而得到一个四通八达的光井、一个分而不隔的一层画廊、一个二层通过遗留门洞改建成洞口而三间联通的家庭办公区。用不同肌理和深度的黑色和白色作为一组关系来作为这个房子主色调，黑白灰在色相缺席的时候，影调、线条、对比、明暗反差可以更好地塑造空间。

用黑色泼墨来渲染庭院，突出保留下来的三棵老树。用毛面、光面和黑色大理石以及深灰色砾石作为不同层次的黑色做底。庭院的黑色慢慢蔓延向室内，被保留的马赛克地面打断，却启发了室内的基调。画廊的三个空间被连续的黑色墙裙包裹，墙裙的花纹差异暗示了起居空间、展厅和社交空间的功能区分。天井的隔墙和门被拆掉后，除了光线就不具有任何功能，主要联系餐厅厨房和画廊三个空间。8 个拱状的门洞，金色勾边，克莱因蓝的玻璃墙壁，以及泻落的光线扭曲了这个场所的尺度，产生一个光色共谋的超现实主义空间，在这里可以听到这个老房子灵魂的喘息。

一层画廊是被用三种不同肌理的 2 米高的黑色木纹墙裙，以及米白色的灰泥天花和灰色盘多磨作为底塑造的。二层办公区，是通过光面黑色墙裙以及翻新的窄条旧地板，白色的墙面，这组对比度最明显的色彩搭配来塑造的。三层私密的休息空间是黑白水磨石和粗糙的中灰色灰泥和窄条旧地板配上老家具形成的中灰调的环境。亭子间的茶室则是灰色和灰色地毯来减弱光线的强度。空间最后在视觉上呈现出黑白胶片的颗粒感。材料和色彩一层层地展示细微的层次在空间和质感上的差异。它们细致记录并再现这个房子的历史和记忆，也是光线和颜色把空间克制在安静的凝视下，不过，如果恰恰有微风吹过，你是可以听到背后隐藏的欢动。你可以嗅到某些因为日常嘈杂而忽视的精神。

1 | 2 / 3

1. 庭院中簇羽状的黄铜格栅屏风
2. 黑色护墙板作为空间的铺垫
3. 色彩塑造空间内外质感

1. 晦明的光线洒在窗前的书桌上
2. 楼梯空间
3. 泻落的光线扭曲场所尺度
4. 卧室与木家具
5. 空间色彩对比度明显

1F 平面图

2F 平面图

1 | 2　1. 生长于自然之中的客厅
　　　2. 静谧的空间局部

宝能丹霞山庄大独院

设计单位：广州共生形态工程设计有限公司
设　　计：张博、许淑炘
参与设计：谢俊升
软装设计：广州共生形态工程设计有限公司
面　　积：229 平方米
主要材料：实木、竹编、水磨石、铸铁、棉麻等
坐落地点：广东韶关
完工时间：2019 年 12 月
摄　　影：广州共生形态工程设计有限公司

山居三相·寂

宝能丹霞山庄坐落韶关市域以北，用一个恰当的距离，隔开都市的喧闹，面朝丹霞山，择一处缓坡，让建筑顺着山地的坡度，层层退台，生长于自然当中。而共生形态依循着场地的框架，在本项目中，将"设计"置于人居文化语境的观照下，以生活向自然回归，向日常诗意回归发起了一次有意义的实践。

在这个空间中，色彩和材质的运用秉承日本传统美学中对自然形态的推崇，营造澄净如洗的肃净感，设计在强调空间形态和物体单纯与抽象化的同时，更着眼于物体的相关性，每一个物件的放置都经过了严密的考量，以及在与空间发生关系的同时其物体所具有的意。向自然借来材料，木头是木头的肌理，只是用时间"打磨"出不同的层次，形成物与物之间的"波纹"，制造荫翳，也制造了空间的流动。在家具乃至器物的选择上，用弧度取代棱角，线条简洁而平稳，尽可能地贴近地面。日光半斜，透过半透的樟子纸，洒下朦胧的静谧，木材自然的清香，被光影催化，弥漫在空间之中，物件本身的美感被极致地放大，置身其中，仿佛所有潜在的怀旧、怀乡、回归自然的情绪，都得到了补偿。

1. 木材的清香弥漫在空间中
2. 家具线条简洁而平稳
3. 似近似远的风景
4. 光影与线条的交织
5. 质朴的装饰细节
6. 卫生间一角

1F 平面图

2F 平面图

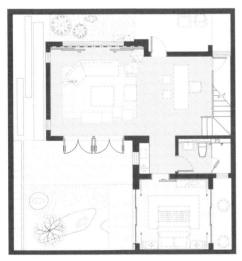

B1 平面图

杭州·千岛湖·滨江度假村

工程名称：杭州·千岛湖·滨江度假村
设计单位：浙江铭品装饰工程有限公司
设　　计：陈福
面　　积：500平方米
主要材料：釉抛转、实木橱柜、实木护墙、木饰面
坐落地点：浙江杭州
完工时间：2019年9月
摄　　影：小四

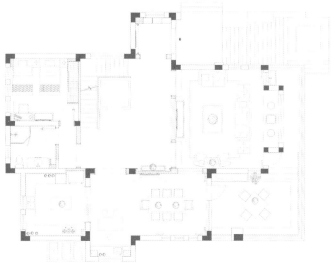

1F 平面图

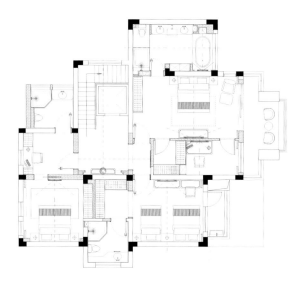

2F 平面图

滨江度假村坐落于杭州市淳安县千岛湖畔，依山傍水，是城市中心区风光旖旎的怡然乐土。项目整体的设计在追求极致东方文化的圆满中展开——将中庸之道中的对称格局与建筑灰空间的概念巧妙结合，完美呈现出一个自由开放、自然人文的精神空间。以一种柔软而细腻的轻声细语，与浩瀚的千岛湖、优美的园林景观互诉衷肠，相互辉映，和谐共生，而非封闭孤立的沉默无声或张扬对抗的声嘶力竭。

设计师对空间的处理，有安静的留白，有减法，也有游刃有余。客厅的沙发和座椅构成一个围合区域，通过改变家居布局增进起居室内人与人的沟通；通过落地中式花格窗打通了客餐厅之间的空间；升降茶几上的茶具将室外绿意引入室内，空间上室内外相呼应。老榆木中式的家具搭配上绿树，古朴、典雅，别有一番风味。原石山水画为空间又添了几分平和宁静。

餐厅以灰色为主，原木家具与拙朴的石器摆设相衬，营造自然放松、悠然山水的意境，当千岛湖的风吹动窗纱，浮光掠影摇曳室内，莫负了这般良辰美景。灰色棉麻窗帘与木色柜面和床头雅致的山水纹硬包奠定了主卧素雅清新的基调。古朴温润的原木家具，不知不觉中抚平浮躁的心绪。空气中萦绕淡淡的梅花香，听古朴精致的吊灯讲述一段故事，从视觉到心理，品味自然与生活之美。

1 | 2

1. 返璞归真的客厅空间
2. 门厅入口

1 | 3
2 | 4

1. 沙发和座椅构成一个围合区域
2. 家具与石器摆设相衬
3. 升降茶几与茶具
4. 古朴温润的原木家具

光影：南京颐和南园别墅

设计单位：DoLong 董龙设计
设　　计：胡飞
软装设计：DoLong 董龙设计
面　　积：350 平方米
主要材料：科技木饰面、黑色拉丝金属、白色亚面烤漆、云朵拉灰大理石等
坐落地点：江苏南京
完工时间：2019 年 1 月
摄　　影：EMMA

项目男业主从事科技行业，女主则是美丽大方的空乘人员。业主希望这个新的居所简约而不单调，时尚而又舒适，放松又有仪式感，可以应酬又更能照顾好家人。设计师将以多样的自然材质元素，以优雅的比例与材质色彩变化，坚持在材质选择与细节上的设计品位，以多种蓝色贯穿空间，在丰富多层次的灯光效果下，构建了一个具高质感和舒适感的生活空间，体现了一种"平静的奢华"。

整体的布局上，首层作为公共空间，包含了客餐厅、中西厨和配套的公卫，二、三层则清晰的划分为个人空间，承担了主卧、老人房、儿子房和配套的储衣帽间等，确保私密不会被打扰。从入户的大门进入空间，入户的鞋帽柜穿插着展示功能的开放搁架，左手边的中厨、开放式西厨和餐厅一字排开。在中厨和过道之间，设计师结合原建筑的 L 形柱，用木作和深色玻璃打造了一面展示隔断，在视觉和空间上围合了餐厅区域，使之更具围合的聚合感。

沿着过道来到一层的中心客厅，这里的下沉结构设计师将楼梯进行多层次的艺术化处理，使之更具有韵律的雕塑美感，将客厅和阳台打通，获得更为宽敞的视觉和空间效果。但随之而来的一根承重柱在客厅暴露出来，这里设计师将柱子的形态进行了重新设计，使它具有重点展示功能。电视墙的设计则依靠了空间的层高优势布置了通高的展示架，在光影交错中演绎了精致而纯粹的美学。

二层的主卧空间，将原北阳台纳入其中扩大使用空间，同时床头一边有个承重柱，这里设计师用白色的柜体将其包裹，将入门的玄关、睡卧的床体和阅读的书桌依次有序串联起来，形成统一而富有韵律的视觉效果，丰富了储藏又解决了承重柱的美观问题。三层的儿子房被嵌入式的移门分隔成了和睡眠区和阅读的学习区，空间有序分隔，床头用了多种色相的蓝色横向分隔，用构成的手法形成一面多彩而统一的视觉中心。

1F 平面图

2F 平面图

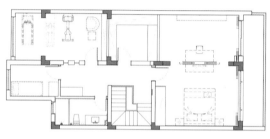

3F 平面图

1	2
3	4	5

1. 聚合感的围合餐厅
2. 独立于其他空间的书房
3. 白色的柜体包裹连接多个空间
4. 统一的视觉效果
5. 卫生间局部

绿城·安吉桃花源·未来山 II

设计单位：W.Design 无间设计
设　　计：吴滨
参与设计：洪奕敏、蔡露、周一叶
软装设计：WS 世尊
面　　积：674 平方米
坐落地点：浙江安吉
完工时间：2020 年 3 月
摄　　影：偏方摄影工作室

回归自然的场所精神

在尊重自然和保护生态的原则下，绿城·安吉桃花源·未来山 II 最大限度地利用和发挥周边自然环境的资源优势，用当代的手法将人与自然的关系，以时间、空间、光为纽带，融合时代环境并进行再创作，实现"天人合一"的境界，创造一座让人在精神上可以获得饱满力量的空间。

房子沿着山脊而建，山势渐次抬升。从自然的环境中生长出来一条竹林小径，拾级而上，进入到铺开在纯粹大山大水间的空间，感受人与自然充分的交流，游离尘嚣之外。步入室内，近处水景、枫树和远景山峦、青竹引入室内，通过一整面玻璃墙框景成画，挥洒出蓬勃无尽的自然气韵。

旋转楼梯成为空间转化关系的交叉点，同时梳理空间秩序，界定出餐厅、客厅的空间关系。一层主客厅开阔的结构，让空间溶解于天地自然之中，其间穿插木格栅为空间梳理视线。环绕的露台将室内和山峦竹林拉近，成为温暖气质和宏大精神的连接点。

户外露台作为室外与远山的过渡空间，庭院般流动的空间呼应大自然的场所精神。在毫无遮拦的亦内亦外悬挑户外，夕阳下的层林尽染，在松风中感受物我两忘。透明悬空的泳池，似一个晶莹的蓝水晶漂浮在山间，黑夜池底部闪耀点状灯光，有如水中繁星，遥应星际宇宙的广博。

离山体零距离的地下一层，设计思想更是光的演绎和献礼。东方建筑中格珊门透着光影，可开可合，随着中轴线的转动，灵动地跃于空间。光影跃动在草编元素的艺术作品、在粗拙的石灰石材质茶几、在似云似墨的地毯，配合回响在山间的音乐、跳动的炉火，山居氛围被推至顶点。

1 | 2

1. 建筑外观
2. 混凝土下沉式围炉

绿城·富春玫瑰园

设计单位：GFD 杭州广飞室内设计事务所
设　　计：陶志兰
参与设计：叶飞、康会彩、葛思聪
软装设计：蔡杨阳、胡慧、路欣依
面　　积：460 平方米
主要材料：云多拉灰、仿古铜不锈钢、仿鱼肚白岩板、艺术玻璃等
坐落地点：杭州
完工时间：2019 年 7 月
摄　　影：刘钢强、徐淑凯

眺望富春江，背倚黄公望国家森林公园，绿城·富春玫瑰园以赋予有无相生、道法自然的东方哲思，匠心创作出遵循中式美学内涵的庭院居所，隐逸生活映现于世。

走过门廊，质感柔和的云多拉大理石从玄关延伸至客厅、餐厅，灰白交织的纹路错落分布，雅致清净。整体空间调性平和而细节丰盈。电视背景墙上，伯爵白大理石的浅灰色斜纹如丝绸划过，气质翩然。餐厅和玄关墙面则选用仿鱼肚白岩板与黑胡桃染色拉丝木饰面相搭配，沉稳温雅的质感外，更增添了如东方破晓般微光拂面的自然意境。餐厅与厨房间的拉门不落俗套地以亚光仿古不锈钢镶边，规则磨砂肌理的艺术玻璃为饰面，含蓄内敛。而条纹状仿古铜不锈钢同样运用于电梯过道墙面，暗稳的光感悠韵深邃。

走上楼梯，私密的卧室空间隐藏于此。主卧窗明几净，宽敞舒怡。春江绵山闲亭聚的悠奕景象依附床头墙上，剩余墙面则选择弧形布艺硬包，意味深远。休闲区延续了黑胡桃染色拉丝木饰面与亚光仿古不锈钢搭配出的温沉气质，一侧以装饰性线条为结构的当代艺术墙面为过渡，另一侧添置了展示书柜，窗外露台隐约可见。

从客厅向下，楼梯上的云多拉大理石将客厅的娓娓雅清连接于此。走道安有山水纹艺术玻璃，延续着温婉意境，心悦神怡。月影逐光的书房在地下夹层一端，闲默的格调为屋主辟置一处独享空间。护栏外，吊顶散落而下的透明叶片，以无拘的现代语言诠释自然，宛若天成。设计将中式文化精髓安然其间，营造出绿城·富春玫瑰园隐繁世而立、依山水而居的中式别院生活。

1F 平面图

2F 平面图

B1 平面图

1	4
2	3	5

1. 移步换景的庭院景观
2. 景观细部
3. 玄关
4. 散落而下的透明叶片无拘的诠释自然
5. 月影逐光的书房

1	3
2	4	5

1. 家庭聚会区
2. 白岩板与黑胡桃形成沉稳的质感
3. 窗明几净宽敞舒怡的主卧
4. 艺术装置
5. 中式美学的呈现

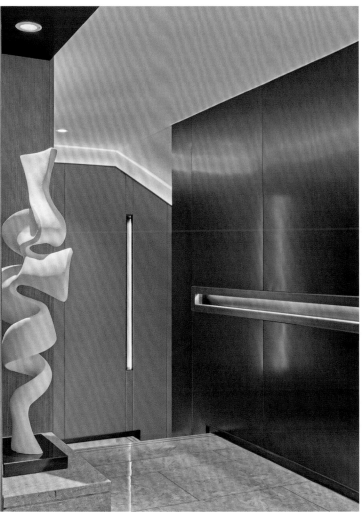

保利和悦江山别墅样板房

设计单位：ONE-CU 壹方设计
软装设计：ONE-CU 壹方设计
面　　积：269 平方米
坐落地点：广东肇庆
完工时间：2019 年 5 月
摄　　影：三像摄影 张静

回归初心诗意匠筑

本案由壹方设计同华南保利携手打造，反思当下的"网红"式设计，逆向回归居住本身，力求从生活的细微处着手，结合现代手法和艺术语境阐述地域文脉与情感归属，引领未来城市居住空间的理想范本。该户型以城市进阶新贵追求品质与闲适生活为诉求，设计师借鉴中式园林的障、透、点手法，进行淡韵清雅的场景演绎。

主厅用通高的条形木格栅充当屏风和背景，并贯穿到其他功能区的窗栏细节，制造隔而不断、移步易景的雅趣体验。贝金米黄大理石温润而道劲，有着隐约可见的自然肌理，铺垫墨色山水般的空间基调。各功能区依照开放式的建筑语言和行走动线而设，构建忠于生活日常的简练场景。客厅、餐厅及厨房等公共区域实现一体化的流畅衔接，以当代美学格调的构图与铺陈，凸显设计笔触之下的意境之美。

书房是人类思想的栖息地。长矩形的桌台上书籍与文具有序排列，组合式的大型书架墙将时光浸染的收藏摆件精心陈列。在素雅的底色氤氲下，一切都以静谧安然的姿态存在，经由设计手法的平衡诠释，显露着源自东方风雅的文士情结。

卧室作为偏私密的区域，在延续东方清雅之意的同时，以更朴素而细腻的细节处理隐现生活的温度。东方意象的床头饰面串联起房间的情感主线，搭配雅致的贴身布艺和微小物件，渗透出休憩之所的柔软与舒适感，也将质感空间的生命力娓娓道来。

1F 平面图

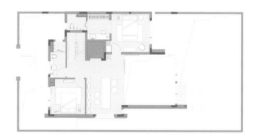

2F 平面图

3F 平面图

1		3
2	4	5

1. 客餐厅一体化的流畅衔接
2. 书架墙将时光浸染的摆件精心陈列
3. 朴素而细腻的细节处理
4. 入口门厅
5. 卫生间局部

贵阳华润悦府

设计单位：成都李益中空间设计
设　　计：李益中
参与设计：熊灿、陈松、陈萍
软装设计：成都李益中空间设计
面　　积：197 平方米
坐落地点：贵州
完工时间：2019 年 10 月
摄　　影：形界空间摄影

空纳万境 自得而自由

在贵阳华润悦府作品中，设计师寻求内在的决心，带领成都设计公司团队，力图在设计中以空呈现生命的节奏，以空灵、洒脱而富有格调的空间意境，写就一派闲和严静的心襟气象。客厅的审美有远致的意象，空间的选材来源于自然，以低调细腻的材质、色彩与肌理围合，将平凡的美感投射于如此简朴干净的环境之上。台阶的轻巧、挂画的节奏、家具的轮廓、绒面的质感、木制的清气、棉麻的浅韵、线条的轻盈、色彩的低饱和度、灯光的温润……

设计将思考的切面还原到居住，将生活的所有降回本质，由此映射出居住者日常的充实和情感的丰富。墙角置放的一幅砖红色挂画，在素雅的空间内装点出情绪色彩，艺术上的神韵油然而生。设计以空灵反衬境界的丰实，使人在摇曳荡漾的律动与谐和中，引发无穷的意趣、绵渺的想象。楼梯往上的二层，是属于儿童的起居空间。儿童房营造的是春天的味道，入眼是充满野趣的草原地毯，不同饱和度的青色带给人从视觉上到心理上的舒适感受，有趣的吊床搭载着孩子的好奇心与活泼力，让孩童有更丰富的想象余地。在这个作品中，设计不沾不滞，以自由谐和的形式，探索生活最深的意趣。

1	2
	3	4

1. 低调细腻的材质、色彩与肌理围合
2. 软饰元素在空间中形成韵脚
3. 开放的厨房与餐厅
4. 过道

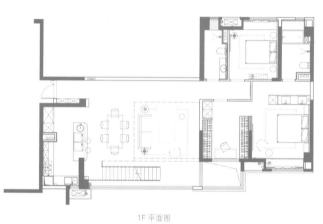

1F 平面图

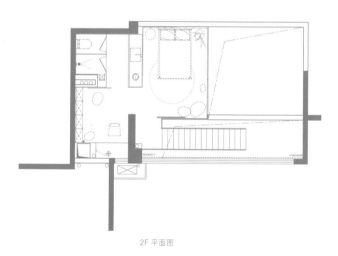

2F 平面图

1 | 3
———
2 | 4 | 5

1. 主卧低饱和度的色彩搭配
2. 砖红色挂画装点出情绪色彩
3. 吊床搭载着儿童的好奇心与活泼力
4. 盥洗区
5. 更衣室局部

重庆中海天钻

设计单位：成都李益中空间设计
设　　计：李益中
软装设计：成都李益中空间设计
面　　积：280 平方米
坐落地点：重庆
完工时间：2019 年 7 月
摄　　影：朱海

2　1. 艺术淳厚品位卓然的艺术家会客厅
1　2. 精致的细节与花枝形灯饰
3　3. 艺术格调的黑白灰设色空间

自由的艺术之家

在重庆中海天钻这座房子里，5.1 米的层高，挑高的客厅空间，流动的布局，艺术的氛围，自由的气息，使其成为集住家、工作室、会所三位一体的现代格调生活方式理想范本。李益中先生借一个艺术家的身份，来表现这个房子的特点，以及现代居住设计的自由精神。在这里，艺术家追寻自由的精神和艺术的生活方式，设计师则带着观点和态度主动创作，二者合二为一：既有偏好性审美的特立独行，又给陈旧的已知，赋予新鲜的定义。

黑色，对许多业主和设计师来说都是一种冒险，设计师在此项目中却大胆采用，成就其独特的魅力。客厅设计延展开想象力与审美力的种种特殊性，与艺术家内心世界的广阔性相契合，营造出一个艺术淳厚、品位卓然的艺术家会客厅，当代艺术的诗意气息流淌其间。低调细腻的家具材质，艺术格调的黑白灰设色，搭配富有质感的文玩艺术品，在细节处勾勒精致的生活意趣。

餐厅中，艺术的共鸣与回响在生活方式的映衬下得以彰显，木艺餐桌搭配精致的器皿与花枝形灯饰，满墙的摄影挂画定格记忆力与想象力，阳光的光晕罩在生机勃勃的花艺上，平衡黑白调的明度关系和冷暖关系，纯粹而美好。设计师以质朴之心让人从实历的层面去体验、感知艺术的气息，通过饰物的多样性表达一个艺术家的自由精神和他的工作场域之间奇特、默契、直接的联结，照见艺术家工作日常中的觉性之美。

居者爱好摄影，书房的设计在延续整体黑白灰色调的基础上，融入摄影的元素，表现出深厚的文化底蕴和极致的艺术表现力，令人沉浸在摄影艺术的世界中。卧室风格现代简净，纤尘不染的白色天花、浓稠墨黑色调的墙面、雅隽浅灰调床品的轮廓与格调在黑白灰的浓淡有致间得以统一，点缀以艺术绘画墙饰与清雅灵动的兰花，构建了一个隔离尘世烦忧的休憩空间，一个诗意栖居的艺术世界。

1F 平面图   2F 平面图

1 | 3 | 4
2 | 5

1. 延续整体色调融入摄影元素
2. 艺术工作室
3. 客厅局部细节
4. 浴室一角
5. 白色天花与墨黑墙面有致间得以统一

深圳半岛城邦花园三期顶层复式

室内设计：RWD 黄志达设计
软装设计：达文设计 周微
面　　积：544 平方米
主要材料：大理石、玻璃砖、金属、木材
坐落地点：广东深圳
摄　　影：啊光

用艺术定义一座时代豪宅坐标

半岛城邦作为深圳超高层豪宅的代表之一，占据着蛇口湾区核心资源，拥有得天独厚且永久存在的深圳湾一线海景。顶豪邸通过纯净温暖的设计风格，采用大理石、玉石等材质，以其不同的肌理，古典的线条，塑造一个优雅而高级的女性化空间。

RWD 设计团队将室外的云端海景融入室内，给人以腾云驾雾的体验。步入室内，进入眼帘的悬挂楼梯设计，楼梯一侧由大理石支撑着，另一侧由威亚线悬挂，保证了安全性。台阶为 1.5 米长的玻璃砖，精致通透，墙面的大理石以软包的手法处理，达到软硬互补，平衡空间，搭配落地窗，如云层般的吊饰衬托下，形成步步漫游云海间的震撼感。客厅明亮宽阔，与之相对的餐厅简洁干净，RWD 选择夸张的黑色长方形线条图案，代替传统的波打线分客、餐厅两个主要空间。走廊的白色大理石地面，凸显出由两个长方形组成的标志，简单显眼，线条的分割造成菱形的视觉感，形成空间记忆亮点。

达文设计团队受邀实现这座世界级豪宅的软装设计。挑高开阔的客厅空间内，大跨度沙发和一把精致的单椅，配以几个简单到如同博物馆雕塑台的茶几，搭建了一个对超大开间的建筑体量保持极度尊重的社交空间。天花板的艺术吊饰以海上云雨的翻涌变幻为源创设计缘来，衍生为客厅空间的当代艺术象征。餐厅有着轻松大胆的艺术氛围，混合来自不同时代、不同风格的设计元素，并以艺术构成、女性视角、矢量波普的陈列手法展示出来，优雅而高级。吧台区设计用色干净清雅，花白灰大理石与鎏金色的搭配恰到好处，一盏裸露的灯管与蓝色人像雕塑嵌合，令空间在日常的丰富性中隐现细腻的情感与极具张力的艺术感。各个卧室皆采用自带卫生间、衣帽间的顶配设计，汇集了全球顶级艺术家的作品。旧世界的浪漫气质与新生的活力元素相映成趣，将生活艺术化的同时亦让艺术生活化。

1 | 2　　1. 悬挂楼梯精致通透
　　　　2. 大开间形成极度尊重的社交空间

1F 平面图

2F 平面图

1 | 3
2 | 4

1. 休闲区域与艺术装置的对望
2. 陈设艺术
3. 餐厅装饰与细节
4. 旧的浪漫气质与新生的活力相映成趣

建业·海南君邻大院

室内设计：六艺源设计（深圳）有限公司
软装设计：香港方黄（设计）集团长沙公司 方峻
面　　积：362 平方米
坐落地点：海南
完工时间：2020 年 1 月
摄　　影：benmo Studio、彦铭

1F 平面图

2F 平面图

3F 平面图

乘物游心的东方逸境

在无尽的海岸线包裹中，君邻大院于一弯匀净的澄蓝里，书写诗意与欢欣，将自然健康的生活方式与宠辱不惊的精神文化融合。空间设计由深圳六艺源设计主持，而 FWG·香港方黄（设计）集团担纲君邻大院的软装设计。软装设计师方峻先生希望通过设计与自然的融通，让在这里栖居的每一天，不被从前所束缚，尽情地享受此时此地的美好事物。

开放式的交流区域保持彼此的通透与联接，提升了场所的张力。登堂入室，超大公共区域与挑高空间增添了空间的宽广度，极具震撼，室内外风景尽收眼底。客厅交错叠合的阶梯保持建筑利落的线条力度。空间内温婉娴静，澄明豁达的色彩，在素朴的外表下，隐匿着厚重与包容，宁静的意境，源自精神世界里的芬芳。餐厅柔和的光线与自然的色调使居者感知内心最真实的需求，带来放松自在的相聚体验。选材质地因地制宜，注重生态环保，通过时空的不同维度塑造光影交汇，牵引居者沉浸其中。看得见的心动，游移的心终于安定下来，午后浓密的阳光，和着很轻的风，有一种晕眩在梦中的感觉。

负一层空间保持通透格局，设置家庭厅与健身区为开放现代的生活方式提供了解决方案。通过独具匠心的留白境语，阐述东方哲学的精髓，临摹一派闲适自在。叶脉、藤编等自然元素，在光影的恰恰可人中，和谐的轮廓，披着风露所赐予的层层生动的色彩，在洞悉一切的眼眸前掠过。岁月依旧，然精神与心情洒脱轻灵，自由丰盈。至卧室，一种安静的暖意扑面而来，简约淡雅的色调占据空间主体，珍贵的不一定是材质，而是舒缓平和的情绪，于低调的生活中慢慢酝酿不言而喻的幸福感。黄昏柔和的光线勾勒出苍劲的轮廓，明朗的主色调，在思想和感情生机蓬勃的交流中领会生命的快乐。

招商贝肯山橡实园别墅样板间

设计单位：壹舍设计
设　　计：方磊
参与设计：李煌、樊钱中
软装设计：李文婷、孙雨辰、李蕾蕾
面　　积：302 平方米
主要材料：有色烤漆板、木饰面、不锈钢镀古铜、石材等
坐落地点：天津
完工时间：2019 年 8 月
摄　　影：三像摄 陆彬

基于贝肯山项目的规划定位，并结合天津洋派的城市风貌，橡实园别墅样板间最终以现代摩登的格调来作响应。壹舍团队在一贯擅长的现代手法上，合宜引入摩登特征，并统筹驾驭二者的平衡，彰显新潮舒适的居家态度和高品质生活方式。

挑高 6.5 米的客厅内，硬朗与柔软、方正与圆润、直线与曲面、大与小、高与低、明与暗……交融共舞，皆是对设计师精准拿捏室内感受、比例关系、构图审美、细节质感的印证。客厅与吧台、餐厅开敞联合，有效拓展了公共区域的活动范围与分区层次。以穿插的构造手法巧妙设置吧台，让不同的材质、造型、色泽于餐厅交织，渲染出典雅且轻松的用餐环境。车库借由立面与顶面的镜面反射，与 LED 灯带一起，构筑虚实层叠与纵深扩容的效果。透过右侧玻璃，与餐厅、过道互动，车库化身精美展厅，并成为室内颇具玩味的一景。

楼梯以叠级与延伸的形态充当踏步的前奏，构成错落趣味的造景；另外凸出部分恰好为艺术装置与吊灯提供舞台，凸显对上下一体的呼应与考量。三楼主卧套间，靛蓝的背景线板，与大地色系和谐交融，烘托出自然沉稳而不失高贵的气场，又蕴藏诸多质感层次的碰撞与转换。以电视背景墙为区隔，设置环形动线，半透明夹丝玻璃将卧室与衣帽间、主卫相串联，展现连贯且充满呼吸感的舒适姿态。样板间力求实现各功能分区的顺畅流转，赋予其专属匹配的氛围，在张弛有序间，以功用性为导向，彰显品质的细节，诠释大都会生活的雅致风貌，让舒适与潮流并存，现代与摩登交辉。

1F 平面图

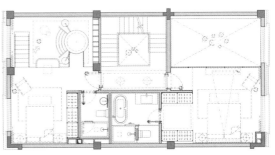

2F 平面图

禅有几何·几何有禅 | 高级住宅样板房

设计单位：山隐建筑
设　　计：何武贤
参与设计：吕嫦谋、刘玉萍
软装设计：何武贤、吕嫦谋、刘玉萍
面　　积：147 平方米
主要材料：石英石、镜面不锈钢、明镜、铁件、木地板、瓷砖、木皮板
坐落地点：台湾新北市
完工时间：2019 年 5 月
摄　　影：高政全、张纹豪

1 | 2　　1. 客厅与茶房无界限交流
　　　　2. 顶侧流光塑造氛围

这是一栋门禁森严、坐落于台湾新北市的高级住宅大厦，开发商给予设计师的基本空间户型是三加一房、二厅、二卫、二阳台。设计师在室内空间中依然以建筑性的观点切入设计，提倡建筑、室内、景观一体性的设计思维。设计师在空间设计中传达了一个讯息，也就是现代主义下的几何规划，当它走向极限，也同时走入禅境。

客厅内的现代家具，简约并具时尚感。茶房、客厅与户外阳台，内外一气，构筑一种现代化品味、天地人合一：生活禅境。客厅、茶房仅以一墙隔间，而紧贴着楼板上的木地板，一块方形实木、两只坐垫，构筑了一处简约浓郁具东方情境的生活场景。茶房内席地而坐，与户外阳台几何板块的地景相互呼应。

客、餐、厨相通，天、地、壁以浅灰色为基底背景，餐桌则采用白色斑驳石英石板材，并与客厅的电视墙同一系列，气质高雅、洁净脱俗。自玄关、餐桌、吧台至电视墙，其家具设计皆使用白色板材。灰镜墙展现出理性的冷冽，白色石英结晶的自然原始面貌，则透出暖暖内含光的质感。开放式厨房，岛台贯穿里外，因机能而切割其大小，既是咖啡桌亦是料理台；倒吊的超薄铁片层板，与之形成一套现代极简的时尚家具。

石英板材质的硬度正好表现坚毅，经选配的白色板材，其泼墨纹路又能显出柔软的律动感，一刚一柔、一虚一实，刚柔并济，虚实交错。玄关，灰镜墙内的鞋柜除收纳鞋子之外，并兼具扩大空间的作用，灰玻层次相间，空间亦若隐若现。

走入房间的廊道，左边是隐门木板墙，右边白墙则有一道房门可进入主卧。廊道地板软硬掺半，地板上的线条与倒映入室的阳光，在交错下编织出梦幻的几何图形。主卧有两道门，一门由廊道入，另一门可通茶房，让屋主的居室更具弹性，空间也饶富趣味。

平面图

乐清柏悦湾别墅样板房

设计单位：浙江思创合建筑装饰设计有限公司
设　　计：沈君成
参与设计：淡优子、赵宜寮
面　　积：344 平方米
坐落地点：浙江温州
完工时间：2019 年 9 月
摄　　影：大卫建筑、空间视觉

精致的别墅能治愈了这个世界，会让人觉得自己是在享受生活，而并非生存。乐清柏悦湾，以"绅士的品格"为设计概念，用现代风格来勾勒品质生活，尽显摩登气息。一层为家庭共享空间，进入场所，人与空间的对话开启。空间布局上特定模糊了客厅与餐厅的边界，空间利用率达到最大化。简约流畅的线条，水墨花纹的大理石，浅木色的木饰面。光线通过纯白色的窗帘，窗外若隐若现的风景纳入眼帘，冷调的优雅，借一脉的风雅摒弃浮华人生。

地下室为休闲娱乐空间，高雅的生活，以自在为妙。当朋友往来，进入空间，感其安然自在，随性不羁，或怡然漫游、独处，或谈笑风生。地下室空间，在一贯擅长的现代手法之上，流畅的布局中，让不同功能区之间不断渗透、交互，个体功能独立的同时，再次强化整体性。在现代风格的基础上，工艺品的点睛，更显奢华与气质，每一个细节都是巧妙的安排。

随着楼梯而上，来到三楼的主卧，引景入室，整体素简的色调，这里摒弃了一切繁复冗杂的摆设，简单精致的空间透着生活的质感。简洁的线条延伸到衣帽间，不锈钢屏风半隔断空间，为主卧营造微妙的轻奢感，满足了女主人的需求。楼梯区域增加了亲子娱乐的场所，大概爸爸妈妈存在的理由是保护孩子，去做有趣而不必有用的事情。躺在沙发上，坐看云卷云舒。一个好看的露台，不止是一道优美的住宅景观，更是一种生活方式。

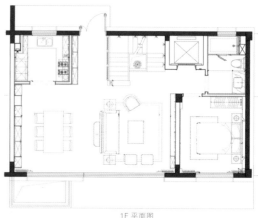

1F 平面图

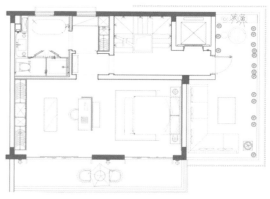

3F 平面图

1. 工艺灯的点睛打造奢华气质
2. 简约流畅的线条装饰
3. 空间陈设细节

1. 色彩童趣的小孩房
2. 优美的露台景观
3. 精致的空间传达生活质感
4. 轻奢的浴室空间

南京万科·安品园舍

设计单位：LSDCASA 深圳市进化生活设计咨询顾问有限公司
设　　计：葛亚曦
参与设计：陈浩、杨静平、李志程、薛国钊、刘佳、蔡少娜等
面　　积：合园 620 平方米、小园 420 平方米
主要材料：金镶玉大理石、染色影木木饰面、喷砂黑钛＋纳米（亚光）等
坐落地点：南京
完工时间：2019 年 3 月
摄　　影：肖恩、十观（合园）、肖恩（小园）

合园 1F 平面图

小园 2F 平面图

安品园舍落址于秦淮区一处历史文化保护街区，这里是南京老城南复兴与保护的焦点，面临着历史还是未来、界定还是模糊的问题，也历经了文保和城建的多年博弈。在反复的规划、推翻、重新规划中，安品园舍的设计也逐步清晰：它既是今天的，也是昨天的，内核坚定所以包容变化。

城市本就是新旧共存的混合体，当南京的历史与未来被解读千万次的时候，所有判断与定论都不新奇。唯有走入街巷里，去感受袅袅升腾的炊烟，和无处不在的生活。万科安品园舍延续地区历史街巷布局，形成"街–巷–院–井"的院落式低层住区，尊重南京城南原生肌理的自然延伸，青瓦、白墙，在坡檐的起伏下，将中国理想居住形式"宅"与"园"融为一体，身在园中，四时流转，可行可望，可游可居。

园舍像是一座桥梁，隐于老城南的肌理之中，也连接起南京当代的视野——内核坚定所以包容变化，以接纳为美，以允许差异为美，事实上这与这座城市的特质不谋而合。因此，在安品园舍的合园和小园中，设计了面貌完全相反的两个形态：一个坚定、骄傲；一个温和、接纳。但事实上，两者却仍有共通之处，刚者带柔，柔者克刚。留待观者细细品察。

1 2　1. 蓝色点亮了黑白灰空间
　　　2. 客厅陈设细节

147

1 | 3
2 | 4

1. 书房与中庭相连
2. 木色与黑色形成的沉稳空间
3. 深色木栅格与白色吊台的对比
4. 温和平静的卧室空间

中交汇通南公寓样板房

设计单位：TCDI 创思国际建筑师事务所
设　　计：覃思、杨林明、贺乾玮等
参与设计：蒋瑞杰、黄光耀、梁文翰、谭俊晓等
软装设计：丁刘慧、刘荣贞、张玉兰
面　　积：80 平方米
主要材料：大理石、金属、皮革
坐落地点：广州南沙
摄　　影：李永茂

中交汇通南高端商务公寓项目是针对男性精英阶层对高端轻奢生活空间的需求入手，从室内到软装设计，皆以"尊享、品质、优雅"为设计理念，从高端轿车中提取质感与色彩糅合进空间设计当中，力求每个细节流露优雅、品质格调；严格把控各个施工及选材重要节点，高效沟通、精准出品。

针对男性精英人士的生活习惯，设计团队以"私人式定制式服务"为他们量身打造属于他们私人专属空间，给予他们尊享的享受。设计团队从高端轿车中提取出皮革、木饰面、暖棕色调等元素糅合进空间设计内。主客厅的设计，利用挑空设计联动一层与二层，使视觉开阔；会客厅背景墙使用了金属条装饰，避免视觉空洞的同时拉伸整体空间高度。开放式厨房与客厅连为一体，令空间更显宽敞。吧台作为客厅与厨房之间的隔断，增加两个空间的互动性，更添生活品味。挑空客厅与开放式布局共同营造出宽敞舒适的空间体验感。

二楼卧室延续开放式格局，打破主卧与衣帽间、书房、珍宝间的界限；大落地窗和充足的光线将整体效果显得通透明亮。以经典家具进行布置，将高端奢华之感展现得淋漓尽致。首层沙发背景墙及主卧背景墙均采用了柔软光滑的高档皮革材质作为装饰，其车线工艺细致考究。金属材质所散发的明亮光泽，令空间凸显高端优雅与硬朗的独特魅力。皮革、大理石、金属，三种材质搭配恰当，相得益彰，使人感官所到之处尽显精雕细琢的精致高雅之美。利用节省空间的磁吸性轨道灯、部分细节进行隐藏式处理等有效节省空间的手法，最大程度地减少空间面积浪费，增强空间收纳功能，简洁的空间效果也凸显高端优雅的空间气质。

首层平面图

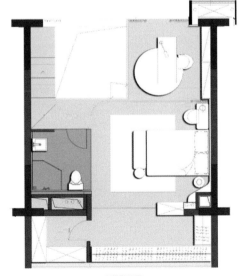

夹层平面图

1 | 2 1. 挑高客厅视觉上更显宽敞
　　　 2. 金属及大理石材质令空间更显奢华

1 | 3
2 | 4

1. 开放式书房
2. 私人定制式衣橱
3. 绝佳的户外景观视野引入视线
4. 卧室充足的光线通透明亮

金辉·石家庄正定开元府

设计单位：南京我们室内设计有限公司
设　　计：唐凯凯
软装设计：孙一清
面　　积：380 平方米
主要材料：深色木饰面、石材、地板、金属
坐落地点：河北石家庄
完工时间：2019 年 8 月
摄　　影：Ingallery

现代暖居 从心而生

设计师在设计中追求现代与自由，在舒适且高级的环境中融入生态品质的生活理念。以干净利落的线条勾勒出整体的精致风格，金属质感的家居风格让人觉得一丝不苟，显示出精英气质的从容不迫。都市人群现在所追求的不再是浮躁的繁华，在历尽起伏后，他们更喜欢最后沉淀下的温柔。

艺术应该是在日常生活中慢慢渗透的品味，本户设计将艺术融入设计的每一个角落，甚至在楼梯前放置艺术区，彰显审美品味的同时也延续对美的认知。主卧结合书房打造出一个安静、舒适的空间。当卧室融入了书房的功能性，仿佛工作和生活有了联结，一切都变得有了温度。卫生间和衣帽间保持主体色调，合理规划空间动线，保证美观的同时保证生活的便捷性和高效性。

卧室以自然的色调与简约的设计相融合，不仅反映出现代人追求简单生活的居住要求，更体现出家居设计风格的内敛和质朴，使简约风格更加实用、更富现代感。儿童房以童趣为主，男孩房以星际为主题，女孩房以粉色为主色调，各自成趣，给孩童打造一方小天地。

2
3

1

1. 楼梯前艺术展示区
2. 金属质感的家居风格
3. 餐厅陈设细节

1F 平面图

2F 平面图

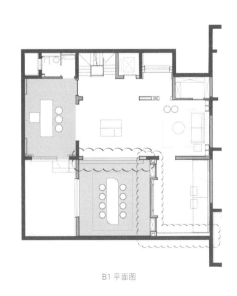

B1 平面图

1	3
2	4

1. 简约风格下的自然色调
2. 整体规划的客餐厅设计
3. 家庭娱乐区
4. 主卧与书房的舒适结合空间

南宁华润幸福里 PENTHOUSE

设计单位：朗联设计

设　　计：秦岳明

参与设计：李明、谢学琛、龙小勇、余让双、罗阳

软装设计：IN SPACE·空格

面　　积：1,086 平方米

主要材料：灰色大理石、木饰面、玻璃、皮革、布艺、金属

坐落地点：广西南宁

摄　　影：Ingallery

云端之作 自在居所

顶级豪宅的定义并不是昂贵材料的堆砌、奢侈品牌的拼凑，而应源于对生活的态度与温度，源于对家的诠释和理解。在这里，形式被弱化到极点，呈现的只是空间的本质。从建筑阶段就开始着手于室内空间的设计这种由内而外的手法给整体项目带来了更多的可能性。经过反复的推敲和分析，便有了建筑退让出的南边庭院、与此相连挑空两层的会客空间、浮于水面的楼梯，还有与客厅相通的二层空中艺廊以及品鉴区。空间是安静的，独立而不张扬，光作为另一种语言契合其中。我们追求光明的本质而非明亮本身，于缄默中构建"自在"的从容。

"自在"是我们赋予这套 Penthouse 的定义，在其中你能找到大部分的对精神世界的期望：可以放松，也可以严谨；可以喧闹，也可以安静；可以亲近，亦可疏离；可以纯真，亦可独立。自在的生活抑或是各色的情感，你都可以在其中找到契合的空间属性。

在这里，形式被弱化到极点，呈现的只是空间本质，公共空间更是如此。留白的空间里，墙作为构建的实体已被模糊，主角退让给其中的家具、艺术品、身在其中的人及他们的行为。

"设计不仅是解决空间上的问题，更应为客户解决设计之外的问题。不只设计是艺术，真正生活才是艺术。"正如这套市值过亿的 Penthouse 一样，经过朗联团队的精心打造，演绎出实实在在的奢华。这种奢华，基于整体空间秩序、功能及细节的把控，但又超越物质，来自于艺术远见和追求内在的自在心境！

1 | 2 | 3

1. 夜晚的内外空间
2. 无边泳池
3. 俯视的客厅

1F 平面图

2F 平面图

桂林兴进漓江壹号江景顶层豪宅

设计单位：PINKI DESIGN 刘卫军设计事务所
设　　计：罗胜文
参与设计：吴敏、刘玲玲、詹彩霞、代晶
软装设计：TATS 大艺术家软装
面　　积：250 平方米
主要材料：木饰面、大理石、玻璃、木地板、墙纸、金属、马赛克
坐落地点：桂林
完工时间：2019 年 12 月
摄　　影：黄缅贵

大艺术家·风景续

生活的一切都是朝着舒适的方向变化，这里记录的是一家人的"风景"，它是快乐、是陪伴、是你所有的柔情，自我松绑，返璞归真。音乐回归生活，借大自然之四时光华，阳光鲜花，雀鸟啾啾，水声哗哗，美酒家人随自然之音乐共起舞步。音乐的曼妙在于一首曲中既能让你感到宁静又喧嚣的夏日阵阵的热浪，也拥有丝丝凉爽的慰藉。手风琴曲子起伏伏高高低低像翻跹的裙裾，午后枝丫间细碎的阳光，不确定的光影闪闪烁烁，多少故事就这样浓了又淡，聚了又散……

1	2
3	4

1. 细节点缀黑白极简
2. 艺术隔断吸引视线
3. 陈设细节
4. 艺术装饰

1 | 3
2 | 4

1. 音乐与艺术打造的书房
2. 餐厅与阳台相连
3. 温馨的居住空间
4. 卫浴间

画中梦乡——梦想改造家特邀设计

设计单位：唯想国际
设　　计：李想
软装设计：XiangCASA
面　　积：62 平方米
主要材料：木饰面、乳胶漆、水磨石、木地板、壁纸、PVC
坐落地点：上海
完工时间：2019 年 11 月
摄　　影：邵峰

设计师李想为这个家所营造出的梦幻，不单局限于为孩子们创造的童话感，更来自于挑战家居美学的刻板认知带来的不真实性与冲击力，并试图在探讨艺术性如何介入日常居空间的宏大话题，以及适意与诗意于生活场景中的平衡该如何建立。

将客厅连接主卧与厨卫的原有墙体拆除，通过平移手法为客厅争取附加面积。其次"切割"空间四角，将原先聚合在一个厅内的功能区分散开来，并释放柜体空间。八边形斜角上设计师打造了四个拱形门洞，分别用红、橙、蓝、绿色调来装饰。

主卧斜角处成了男女主人喝茶闲聊的私享空间，厨卫的入口是女主人专属的梳妆室。转角楼梯处被改造成书房，顺阶而上，阁楼被划分成了男孩房与女孩房，为家中小孩的学习、居住、娱乐提供了各自的独立空间。

男孩房以小男孩喜爱的机器人作为设计主题，通过极简的几何重组与线条勾画描绘充满童趣的房间。女孩房以柔和粉嫩的色彩打底，用可爱的波浪纹"勾边"，打造精致灵巧的梦幻公主房。

设计师将不同领域内的学识与认知完全拆碎又重新糅整为一体，这个空间中既涵盖了设计思考的大格局，也藏纳着优美的小框景，既暗藏艺术生活的大哲思，也蛰伏着美好日常的小感动。先锋美学与现代构造带来的精致感，自然如同呼吸般充满着整个空间，拓宽了传统家装的审美视界，创新式地提出了人居空间新式风格的塑造方案。也将让家重新成为有孩子的家庭享受品质生活的据点。

1 | 1. 白色客厅与暖色调的门洞

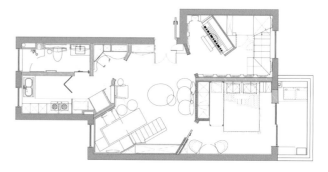

1F 平面图

2F 平面图

谧境：南京苏宁睿城

设计单位：南京云行空间建筑设计有限公司
设　　计：潘天云
软装设计：南京云行空间建筑设计有限公司
面　　积：130 平方米
主要材料：微水泥、瓷砖、涂装板
坐落地点：南京
完工时间：2019 年 8 月
摄　　影：程得得 Emma

空间乃有形，实则无形，有形指双手触摸的空间、目光所及的风景，无形则是于内心之感受。随着时间推移，当事物逐渐剥落其表象，流露出本质，被留下的东西常是美好的。置身此般空间，感受其色彩、纹路，静谧安然，余韵无穷。正如生活所讲的无常，一旦接纳事物短暂且残缺之美，便能体验到无限的满足感。于空间而言，无常更是惊喜。回归居住者的精神世界，空间与居住者达成默契而建立平衡。此次业主是位导演，职业让他更追求精神生活与空间叙事，从电影的思维世界到时间与空间的情绪转换，恰如自然包容且无常。

原始空间结构为三室两厅两卫，由于承重墙较多，降低了空间改造的可能性，所以将情绪交由空间，回归自然态，追求静与景的融合，适度引入景观和谐，赋予诗意与生命力，以灯光为突破口，光影交错之间，留给空间自由生长。布局结构保留居住需求，将原有三个卧室保留其一，其他改为衣帽间、冥想室。原有次卫拆除，扩大餐厅空间，腾空出门厅区域，增加空间过渡，客餐厅相合，目光所及一览无余。无天花灯的需求，将空间基础照明仅保留四处顶灯，其他均采用间接照明。客厅顶面弧度错落了灯光，倾斜而下，光源逐一分散，配以地灯、烛光，辉映木质墙体的空灵。阳台的自然光、卧室的台灯，均采用暖光源，配合空间调性，看似微弱，实则是内心笃定的精神探求。

空间的仪式感——生活的仪式感依存节日和人群，空间的仪式感则是合理规划，以需求

为前提尊重每一平方米。导演、独居、信仰、物欲极低、精神需求极高，多重身份与需求，让空间创意划分逐渐明朗。

空间的节奏感——从玄关伊始，至走廊，至客厅，至卧室，墙面时而为形塑柜体，时而为弧墙，柜体多用于玄关和卧室，满足空间储物，弧墙则界定了功能区，不同材质、不同色调，配合灯光，感受光影无常流动，叙述空间节奏变换。客餐厅相互借景对话，开敞流动，餐厅配以暖光源，突出暗黑色十字支架，又与白色画布及雕塑相呼应，颜色收放自如，流露空间的艺术诗意。佛龛静置于客厅一隅，玻璃盒体不断转换光源，每一次折射都让神性得以彰显。

空间的幸福感——与自然为伍，地台抬高后的阳台与客厅相融，山石、月亮、阳光、书籍竟如此和合，恰如业主的精神向往，由时间转为空间，亦是静坐修禅，亦是休闲看书，静享心灵的安住与自在。卧室、衣帽间、禅房，无不运用暖光，引入绿植、格栅、百叶窗，诠释空间无一性，木几、棉麻织物，因人而设的气场，极具生命力，无常而又包容。

家究竟是什么样？不过是内心世界与精神生活的契合，或是自然态、或是生活态，皆因人而异，置身其中，定神静气，方知乾坤。

1. 承载生活记忆 点缀空间灵动
2. 顶面留光侧面留缝的廊道

1	3	1. 黑色结构支架为主角
2	4 5	2. 弧墙的延伸转向
		3. 红蓝对比丰富空间趣味性
		4. 自然光透过百叶
		5. 洗漱区

平面图

极简几何宅

设计单位：艾克建筑设计
设　计：谢培河
面　积：300 平方米
主要材料：德国摩根智能、KD 板、必美木地板、不锈钢、超白玻等
坐落地点：广东汕头
完工时间：2020 年 4 月
摄影：肖恩

```
      2    1. 浅灰地毯界定客厅聚合空间
 1  ───   2. 白色是人物的背景与舞台
      3    3. 细节的精致打造
```

平面图

项目位于城市的 CBD，是一个 300 平方米的大空间，犹如一张白色的幕布，一个可以在空间中自由挥洒的场域。设计灵感源自于舞台表现的视觉呈现，让白色空间成为人物的背景与舞台，细节的设计与局部的跳跃色彩带给人视觉冲击，这也是当代奢宅最时尚的气质，让场所成为居者心目中最安静的舞台。

为营造一个舒适轻松的用餐环境，将原本的房间墙体改成落地玻璃来与户外空间互联，轻盈的超白玻璃装饰柜悬挂在空间中，在满足功能需求的同时强调其美观性。原本朝向老城的房间被打开后成一个户外的空间与休闲区，构建新区与老城的融合及居住的环境的迭代，营造外可感受城市人文气息，内则宁静的生活方式。休闲区成为连接内外之间的灰空间，女主人可以在这里阅读休闲，定制的金属墙饰也成为了彰显空间格调的艺术品。卧室白色的空间背景下黑色地面连上墙体，色块清晰、简洁舒适。清晨背景音乐轻轻响起时智能窗帘系统打开，享受着江景带来的快乐。

入口处将原本封闭的空间打开，让自然光可以穿透到空间的每个角落，创造出一个明亮舒适的生活舞台。内部空间的每一个角落视线都可以穿透到外界。把所有的收纳功能进行隐性设计，让这个环境呈现最简洁的状态。黑白极简克制美学，空间大面积留白，显现空间的宁静与包容性。起居室整体设计紧扣极简设计逻辑，地毯选了材质比较轻盈的浅灰色调，在宽敞的客厅中柔和地界定出一个相对的空间，让原本松散的状态变得精致，浅灰色布艺沙发与地毯互相呼应，强调空间的舒适度与静态的品质，这是一个能让人安静下来的纯净艺术空间。

1	3
2	4

1. 局部的色彩跳跃
2. 超白玻璃装饰柜悬挂于餐厅
3. 黑色地面与白色墙体连接色块清晰
4. 宽敞干净的卫生间

1 | 2 / 3

1. 白色与家具的结合增加空间趣味性
2. 独特的餐桌造型
3. 空间入口

澳门金峰南岸

设计单位: Danny Cheng Interiors Ltd
设　　计: 郑炳坤
面　　积: 4,600 平方米
主要材料: 清水混凝土、铝板、木地板、铝条、玻璃等
坐落地点: 澳门
完工时间: 2019 年 6 月
摄　　影: Danny Cheng Interiors Ltd

直线与无特定方向的线条结合，正是这复式住宅的设计方向。全屋主要分为下层客厅、健身室及上层主人房、衣帽间四个主要空间。下层客厅以白色为主调，客厅为中空上下两层，以通透的全高玻璃分隔，一个黑色的流线型沙发，搭配不规则流线图案的地毯，而艳丽的红色座椅是其中一个亮点，让整个氛围变得不传统但有趣。

设计师为热爱运动的户主设计出一个具有未来感的下层健身空间入口，灵感来自高达机械人的外形线条，用棱角勾勒出极具未来感的外形，其结构还包含了一组通电玻璃门的展柜作为展示户主多年收藏的球鞋之用。设计师还利用了单位的楼高 ±7500 毫米特别设计了一面攀岩墙，当攀岩墙和家居装饰结合起来，就变成了另一具有趣味性和实用性的运动型墙面装饰。

往上层的直向楼梯以全高黑沙钢支架配搭长形透光孔板设计装饰，黄色和白色的文字"语句"来表达客户对健身的喜好及热爱，令楼梯已不仅仅限于作为沟通上下两个空间的桥梁，更是一件集合设计及意念表达于一身的艺术品。上层由两道自动感应的特大镜面趟门分隔出主人房及衣帽间。主人房内外都各设有一张吧台供户主使用。而主人房外的空间可透过全高玻璃墙身眺望到下层的客厅，由主人房到特大衣帽间会经过一条长直通透的玻璃走廊，亦可唤作艺术品的展览厅，当中特别设计了艺术品展示区，因为户主也是一个喜爱收集当代艺术品的收藏家。好的空间设计，令空间与人产生自然互动，呈现最完美的处所和结果，实现最惊喜的体验与享受。

1. 全高黑沙钢支架装饰墙面

2. 特大镜面分割出主人房及衣帽间

3. 趣味攀岩墙

4. 下层健身空间入口

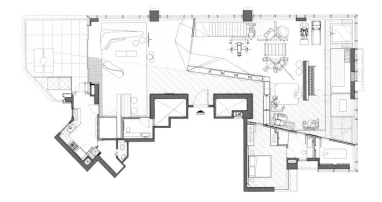

1F 平面图

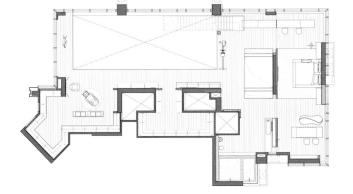

2F 平面图

转折：藏龙御景

设计单位：马蹄莲空间设计
设　　计：陈熠、肖锋
参与设计：陈鸣
面　　积：240 平方米
主要材料：地砖、整体橱柜
坐落地点：南京
完工时间：2019 年 1 月
摄　　影：Emma

项目位于南京江宁九龙湖畔。西临三山，东瞰九龙湖，北面牛首山河绵延流过，并与堤岸亲密相接。面对南北通透的户型，设计师将重心移至空间上的延展性，将业主的生活秩序进行了调整，增添了空间之间的互动性。

相较于原始空间，将客厅连接主卧的墙体一部分进行了拆除，对空间进行划分，合理增加客厅电视隐藏柜，以及主卧区域的浴缸。打破了原先客厅的阳台空间，使其与洗衣晾晒间进行了连接，增添了互动性与趣味性。

客房相隔所设立艺术品、玄关转身之后，映入眼帘的便是通往主卧空间的智能化移门。在半遮半掩的同时，增加装饰效果与探索欲。到达傍晚时分，承接了一天阳光洗礼的落地窗，让客厅空间看起来宽敞明亮之余，更添宁静雅致的休憩氛围。

无主灯设计的客厅，让光线分布更加均匀，营造出低调内敛的空间气质。线型灯带独具线条美感和立体感，可以带来不一样的视觉感受。于主卧空间之中，舍去复杂的装饰和色彩，简洁而又不乏时尚感。

空间功能的切割与细腻入微的美学，营造出不同于客厅的温馨环境。低调柔和的配色，放松身体每一处神经，时间在这里变得缓慢，给予业主独处思考的私密空间。

棕木色的橱柜，给予空间触感，搭配偏米色系的地砖，扩大了空间的层次。创意的采光设计与整体空间材质和谐立体，凸显了现代与时尚。多功能岛台可以同样满足于在公共区办公、西厨、品酒、聚会等功能，实现新婚夫妻二人世界下空间上的自由。

1 ── 1. 主卧与客厅之间的智能化移门
2 ── 2. 低调柔和的空间配色

1	3
2	4

1. 无主灯设计光线分布均匀
2. 主卧局部
3. 沙发与茶几细节
4. 棕木色橱柜给予空间触感

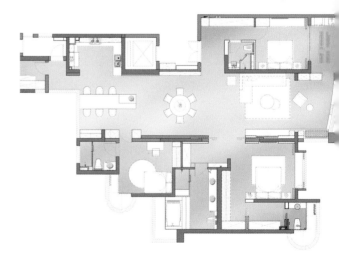

平面图

首钢周宅

设计单位：CEX 鸿文空间设计有限公司
设　　计：郑展鸿
坐落地点：福建漳州
完工时间：2019 年 10 月
摄　　影：杨耿亮

空间是一个容器，轻抹了功能与美学的界线。黑与白亦不再是对立，和光交集散发着淡淡的优雅，充斥在空间里。开启了空间的温度，抚摸着每一个角落，温润而又安静，不会有一丝多余的杂质。台上的植叶微微的风动了一下，似是此间主人的礼貌，嫩嫩的冲着你顽皮的微笑。

1	2
3	4

1. 通高的客厅
2. 家具嵌入台阶细节的契合
3. 卧室局部
4. 卫生间一角

1F 平面图

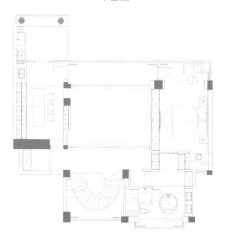

2F 平面图

上海财富海景花园

设计单位：南京观享际 SKH 室内设计
设　　计：沈烤华
参与设计：观享际 SKH 团队
面　　积：235 平方米
坐落地点：上海
完工时间：2019 年 10 月
摄　　影：Ingallery 金啸文

黄浦江畔·海上昼与夜

项目位于浦东的财富海景花园，240 平方米大平层，设计师与业主五年来多次合作，沟通良好，本案摒弃之前户型诸多不合理，使改造后的空间充满更多的可能性。进门玄关处增加了储物功能，使衣帽鞋柜都得到妥善的安放，在空间实用性增强的同时，让空间看上去更加整体。解决了功能性后还须考虑空间的美感，金属马赛克丰富了层次，poliform 的换鞋凳以及高品质的金属伞桶提升了不少低奢气质。

客厅是业主每天所处最多的地方，因工作需要，经常在家接待各种朋友，必须满足会客、茶歇、观影多种使用场景。空间内功能齐全并调性满满的组合柜把电视、壁炉、茶酒具、艺术品等一并纳入其中，柜门与玻璃门的搭配，虚实结合。摒弃顶面复杂的线条及装饰主灯，利用磁吸灯，同色线型风口，增加时尚科技感及隐蔽性。地面深色石材搭配深色人字拼地板使整个客厅显得神秘而又现代，不同的几何形状贯穿着整个空间，很国际，且轻松时尚。

1	3
2	4

1. 深色地材营造神秘的氛围
2. 玄关过道
3. 餐桌与飞蛾灯
4. 金属马赛克的美感

餐厨空间重新规划后把餐厅与客厅融合，增加社交功能，将餐桌置于的靠江的一侧，就餐的心情不言而喻。缩小主卧套房衣帽间的范围，使得主卧能满足收纳储藏及归类等功能。化妆桌与衣帽柜融为一体，增强空间整体性，动线更为合理。一个作品的成功，取决于你看到的细节有多小，空间功能划分合理，结构处理完整，不同的材质相互融合碰撞，形成鲜明的反差对比。

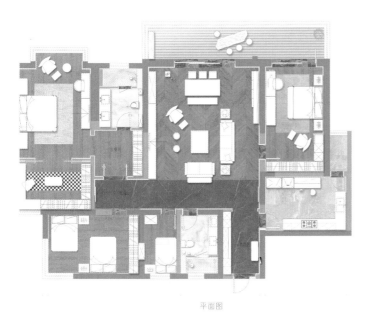

平面图

1	3
2	4	5

1. 灯光晕染卧室氛围
2. 照明与装饰一体的灯具
3. 眺望江景的阳台
4. 书桌一角
5. 卫生间局部

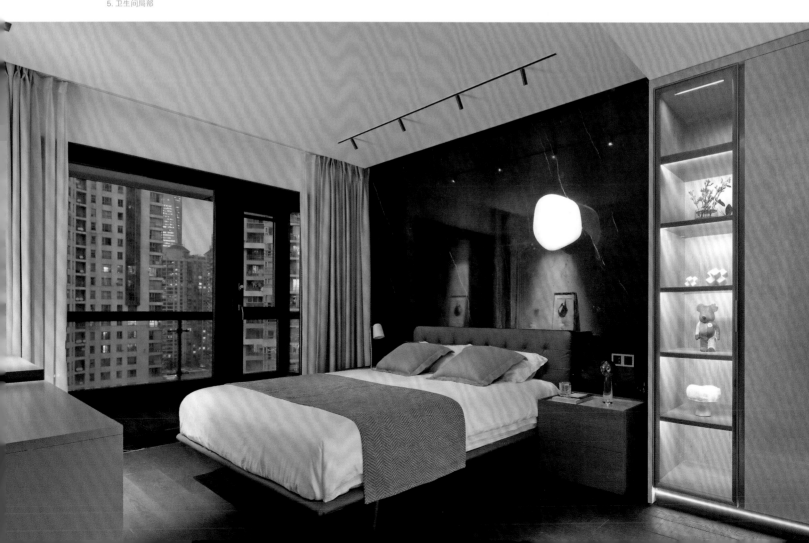

重庆野笙生活美学馆

设计单位：重庆简璞装饰设计有限公司
设　　计：文超
参与设计：余向蓉
面　　积：350 平方米
主要材料：钢板、实木地板、质感漆
坐落地点：重庆
完工时间：2019 年 5 月
摄　　影：言隅空间摄影·纳信

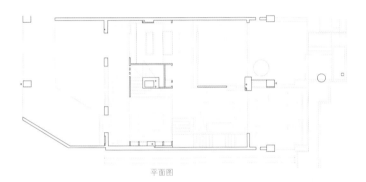

平面图

平面图

1 | 2
  | 3

1. 质朴的外观
2. 夜色中的建筑语言
3. 温润的材质与理性的建筑空间相调和

很早以前我便有一个成为木匠的梦想，后来开始学习美术，也顺理成章成为了一名室内设计师，但对于原木的偏好却始终没有减弱，在一定程度上它已经慢慢成为一种符号，融入到我的设计和生活中。在设计中水泥与原木是我最爱运用的材质，这是取决于从小生活在工厂宿舍大院的经历所产生的反馈，这种反馈如同一颗种子一样深深地扎根在心里，不断地产生着某种奇妙的反应。

"野笙"，便是对于这一思考的深度阐述。虽然从使用功能而言，它是家居产品的展示体验空间，但我更愿意把它理解成想表达的理想居所，它的设计意图与使用逻辑都完美阐释了我对于美好生活状态的期望，这种期望并非欲望。建筑空间在满足基本需求的前提下，并不需要过多的装饰，这些装饰层面的内容更像是资本积累过剩后所产生的不良反应，而这种反应即是人性，亦无论对错。所以整个建筑空间的规划中几乎没有装饰意图的明显体现，所有的规划、层次、氛围的营造都依托于实际空间使用的逻辑而展开。建筑语言成为主体，所有的材质也倾向于基础化、建筑化，就连空间中最为抢眼的红色，也是基于红砖所产生的视觉转化，意图也十分简单，在本身就不够宽大的空间里，我并不希望有过多的线条去破坏空间的逻辑，希望它更加的简单与纯粹。但过分理智的空间，必定是无趣且冰冷的，它可能适用于某些特定的空间，但作为生活居所而言，却是少了一分温度与生命。

于是，在满足于遮风挡雨后，生活得以开始稳定持续的发展，家具顺理成章成为了除使用者以外空间里的主角。实用主义成为了家具设计中的主体思考，细节中所有的趣味设置均与实际使用功能产生联系，如同一个个小心思，等待着使用者去打开，而"野笙"家具便是这一思考的最好诠释。原木成为家具构成中的主要材质，温和且易于塑造各种结构，其温润的气质与理性的建筑空间相互调和。加以灯光与自然采光的恰到好处，空间不再冰冷，但又不过分的柔软。

我理想中的居所，它基础却不失温度，理智而不失趣味，满足着我对于生活的理解，也是记忆中美好的样子。它符合基本需求的定义，也不仅限于最基本的可能。

1 4
2 3 5

1. 温暖的酒水台
2、3. 有温度的红色最为抢眼
4. 恰到好处的自然光
5. 原木是家具的主要材质

梵誓苏州诚品店

设计单位：平介设计（苏州平介建筑科技有限公司）、上海衡泰建筑设计咨询有限公司
设　　计：杨楠、张世杰、黄迪、王乙童、张晨
数字化建造：上海欧岩雕塑艺术工程公司
面　　积：60 平方米
主要材料：不锈钢、灰色花岗岩、白色亚克力
坐落地点：江苏苏州
完工时间：2019 年 9 月
摄　　影：姚杰奇、王一翔

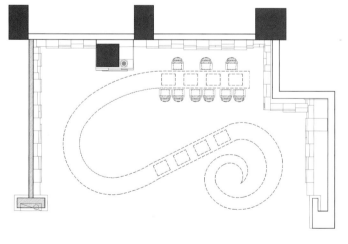

平面图

钻石，坚固、夺目、耀眼，它坚硬无比，却又是爱情中最柔软的象征。项目位于苏州诚品一个开敞的店面，原建筑结构是深黑色的天花并布有较多的设备管道。传统珠宝展陈方式较为独立和单一，仅靠黑色绒面玻璃展示柜进行排列组合，空间单调平庸缺乏吸引力，而作为品牌形象店如何打造互动展陈空间成了设计的要点。

宝石通常被平常的石材所包裹，寻宝人只注意了矿洞中的宝石，却忽略了矿穴的迷幻。矿洞中的轨道流线是连接宝石与珠宝、财富与黑暗的纽带，是空间中特殊的发生器。因此设计一条连续的纽带串联起空间的各种功能，融合珠宝展陈、品牌展示、客户洽谈等多种功能。发生器是一条完整的流线型装置，通过高度变化、厚度变化衍生一系列功能，并通过造型对空间和流线进行分割。发生器通过细柱支撑，在相应的位置布置展柜、工作台面等店面功能。

深灰色的幽暗背景，银色的钻石纽带在飞舞旋转，顾客自然的被纽带吸引着而进入展陈空间，欣赏美丽的珠宝。纽带在不同高度自然地形成拱门、平滑的展柜、舒适的服务区以及最耀眼的螺旋塔冠。诚品中大多店面以白色为主，木色搭配，相对空间比较均质，缺乏关注点。本案的颜色、造型都大大区别于其他店面，并结合业态重新阐述新的空间效果。整个空间被深灰色石材包裹着，一条银色纽带在空中飞舞，如同一个深黑色珠宝盒中散发异彩的钻戒，从形式上隐喻项目主题。

深灰色石材塑造出如同钻石矿坑般幽暗的背景，饰品展柜在墙面上如同钻石般发出夺目的光芒。深灰色石材墙面采用450x450的基础模数，适应整个空间尺度，同时为珠宝的展陈提供条件。不同区域的基础模块错动咬合，模拟钻石矿坑乱石嶙峋的效果。部分模块则变成了隐藏的抽屉，用于存放包装礼盒。原始的柱子也被坚硬的石材包裹，形成多媒体展墙。

流动的带形展示为珠宝展陈的主体，通过扭转和高度变化带来展陈空间的引入。纽带被鳞片般的不锈钢面板包裹，从每一个角度反射出耀眼的光芒，浅色灯带随着纽带蜿蜒流转，预示着空间的起承转合。

铺面西侧拱起的银色纽带以欢迎的姿态吸引人们进入展陈空间，更是创造了诚品店面中除去大楼梯之外的另外一个拍照打卡点。顺着纽带前行，仿佛置身山谷与银河之中，在极小的空间被挤压之后，会来到整个展览的最高潮，纽带盘旋上升，在整个空间中形成一座爱情的灯塔，一如梵誓珠宝的设计理念，平庸终将被美好取代。

艺术是充满激情与梦想的，而生活则充满着棱角，我们的设计也是一个共存的矛盾体，灵动与肃穆同时在这个小小的店面中存在，发生碰撞，吸引每一位顾客的目光。

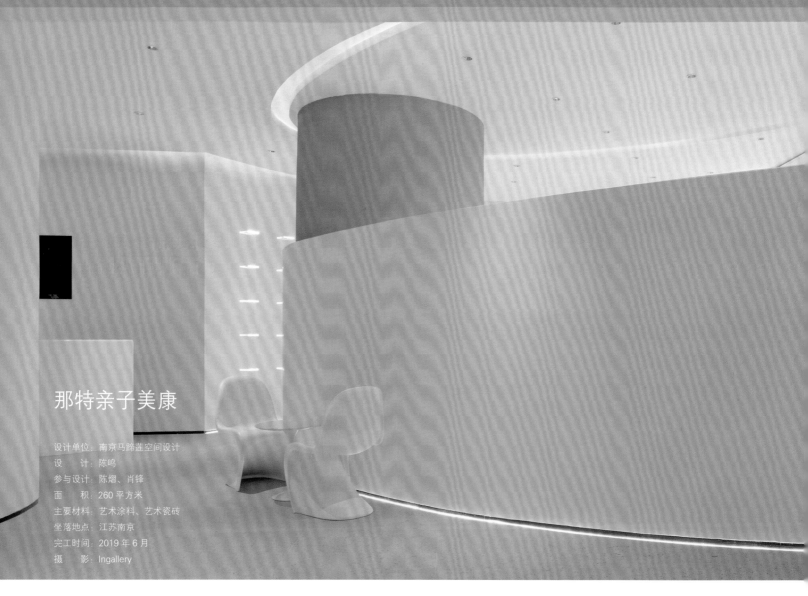

NATURE

那特亲子美康

设计单位：南京马蹄莲空间设计
设　　计：陈鸣
参与设计：陈熠、肖锋
面　　积：260 平方米
主要材料：艺术涂料、艺术瓷砖
坐落地点：江苏南京
完工时间：2019 年 6 月
摄　　影：Ingallery

净曲方圆

净，其一，可为"干净、纯粹"。运用于空间之中，赋予其纯白之彩，必可创造出一种意境之美。其二，亦可通"静"，为"宁静"，静心、静神，不与外扰。方与圆，一刚一柔，一静一动，一直一曲，本为相对之形，借其佳势融之，乃铸和谐之美哉。

那特的品牌灵感源自英文"NATURE"，意为自然，始终秉承"ALL FOR BEAUTY"的品牌理念，以自然之美作为品牌基础。本案亦是想打造一处纯净、自然、时尚的美发空间，以自然之美来感受空间的旋律，再为合适不过。

方圆乃造物之本，众形皆为其变化、发散而成。凌于设计之上，开放式的接待区处原为方形的立柱转变为圆柱，与空间相呼应。方形减少和简化其边缘使其圆滑无棱角，便可画方为圆，方在圆中，藏其锋芒。视觉的感官对空间必不可少，涉及形状、大小、色彩、肌理。其应用离不开方向、位置、空间等元素，二者亦可相互转换。设计师在处理中心处的圆柱时，考虑到消费者的行走路径，目标是将空间简化。通过外形近似于抛物线状的透气墙面设计，来解放产生障碍的空间并得到空间的连贯性，使理发区、接待区、VIP区得以合理划分。

白色并非真正的色彩，因为不存在于彩色光谱之中，但却是明度最强的调子。接待区前台以及桌椅选用唯美的白色，那种与世无争的清丽，好似一场刚刚落入凡尘的新雪。白色昭示宁静象征优雅，历久弥新，无论时尚的坐标指向哪里。在美发区中设有九处理发台，银色的金属扶手亦是巧夺天工，这种局部的色彩点缀顺应四季的变化。在水吧、存衣区域均采用白色系，因其几乎可以包容任何色彩，好像一张白纸供你随意挥洒。曲线显示宛转、浑穆的美，曲线是无声的语言，是运用视觉语言传递信息的载体，它表达了人类对自然界物象的认识和创造。接待区后特别设计出的用以展示各类美发用品的开放式陈列空间，科技感十足。延伸性的LED发光切割线条动感十足、跃然凌于墙面之上，有序列状地分布于空间之中。

曲线的组合与叠加，似乎使其近似"海螺"之形，图形是设计师有意义、有目的的创造，与其意义的表达存在着密切的关系。通过立意去寻找、选择、组织与该意义表达相适应的形式和形象，成为该意义的载体以及象征，"取之于自然，归之于自然"。空间中镜面所产生的反射虚实结构，是与时间相对的一种物质存在形式。空间中的虚与实的处理及运用不仅仅停留在形式上，更为重要的是对意境的追求。

1 | 2
--- | 3
  | 4

1. 开放式接待区
2. LED 发光线条动感十足
3. 曲线的组合与叠加
4. 白色是明度最强的调子

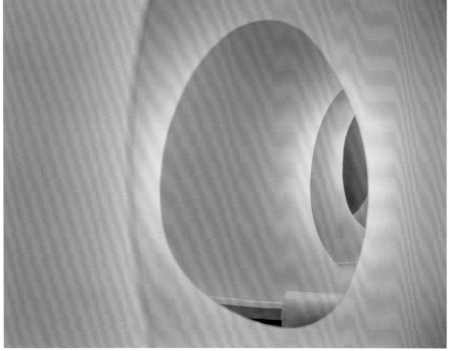

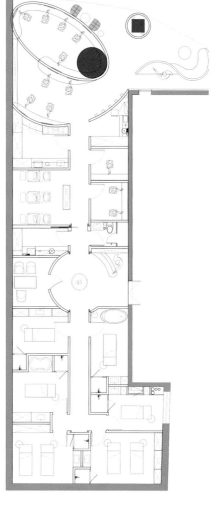

平面图

1 / 2 | 3

1. 理发区
2. 镜面反射产生的虚实结构
3. 连贯的走道

双塔集市

建筑改造与室内设计：内建筑设计事务所

品牌与视觉设计：翰清堂

特邀梦改设计师：赖旭东、谢珂、陈彬、孙华峰

面　　积：2300 平方米

主要材料：水磨石、木材、铝板、玻璃

坐落地点：江苏苏州

摄　　影：潘杰

苏州双塔市集工作笔记

往来苏杭，故乡，他乡，关于菜场的情结、情感的转换与连接，还有回忆。物质相对匮乏的时候，家的灯光、食物、学校与家之间的小街、每天经过的菜场。四季里两个原点，往返、穿梭、轨迹，看见石缝里的蔬菜、赤膊的鱼鲜，各异的叫卖，想象完整的世界。非样板式的生长出的多样性，全方位的气味、视觉、味觉，填满如阳光侵入而没有缝隙。集，个体，如同原子辐射出去，随着时间游历。

感受是无差别的，无法复制的，独特的也是个人的。活色生香的人群，最佳的快速通道，如宇宙间的光速飞船身披隐形衣潜入，近距离接触与感受城市深处，城市里的人，进入、送出、往返。更多的人造便利使惰性被滋长，比如快递，比如外卖，比如许多，尽量不选择被人工便利化的食物，去菜场，看、闻、触摸、想象、品尝，与食物直接的关系是人工智能达不到的。

儿时的记忆和生活方式，江南的外公外婆，暖暖的手牵着攘攘的市集。提取，如记忆钵里，抽出一缕缕感动的可以发声的，留下来，依旧江南。当下的语言，一个开放的空间，许它开放，不同的入口，各个方向，靠近或离开；予它自由，自由来去不同的人，不同的方式，感观与食物发生关联。文化的因素，城市的更新，内核如灵魂，壳是躯核是魂，居住者是血液流动，唯有流动，市集、心脏、人群、血液，张开了眼，就是美好的一天。

造一个容器，一个承载功能的容器，一个时间的容器，如同制作泡菜，码放不同的蔬菜，排序，留出时间，添加酵素。这是食物与自然的对话，一个自我循环的生态，时间与空间借力的生长，仍是本地的物种和原始的基因，植入的外来物种在生态里融入，如同混血的因果。一座可以呼吸和自由生长的古城，面貌在岁月里有了光泽、味道，无需言语，随意地进入，自由地离开，如同久别的故人，都可明白。时光里，属于当地的，也是当下的，更多的是未来，遇见故乡。

Gordon James Ramsay 说：市场如同城市的心脏，希望人们可以如血液般的回到这里。我的愿望是，新生的、可持续的、与周边友善的、且强大的。

2   1. 集市的灯笼招牌
1   2、3. 蒸腾着热气的美食区
3

1 | 3
2 | 4

1. 缝纫铺子
2. 夜色中的集市
3、4. 菜市场充满浓厚的生活气息

VIRG 璀璟家居产品展厅

设计单位：佛山市墨象设计顾问有限公司
设　　计：梁宇曦
参与设计：何自献、梁雪梅、
产品设计：梁宇曦、梁昕、汤铭婷
面　　积：500 平方米
坐落地点：广东佛山
完工时间：2019 年 10 月
摄　　影：正造

本案落址于佛山中国陶瓷总部基地。墨象尝试以"光"为主轴，探索不同维度的几何光学，借以营造精致生活氛围，创造空间的自然质感。

项目前身是一处综合办公区域，本案保留了原结构大片采光天窗，引光塑轴，以构建中心区域的自然光照，通过天光漫射、形体分割及半围合玻璃帷幕，勾勒出空间美感与光线层次，并引导体验者循"回"型动线环轴流动。内部空间与室外相连，设计师引用自然关系构筑情景，以室外的一方之地引入自然光照与新鲜空气，为相对封闭的室内空间赋予了更多的流动与自由。

主厅区域主材运用大量抛光瓷砖与金属材质，使中轴光线能更顺畅地延伸至边缘。模拟生活区则以烤漆板和木纹板配搭暖光，调和空间温度，打造温馨氛围。空间中不同量体间的断合层序，以及光与造物的自然交互，共同构筑出耐人寻味的光影细节。光、影、材质、细节，都相互构画着空间的美妙格调与质感。

1 | 2 / 3

1. 大片采光天窗构建中心区域的自然光照
2. 立体倾斜的品牌形象墙
3. 室内与室外露台相联系

1 | 3
2 | 4

1. 视觉末端的光影渲染出景深
2. 不同量体间的叠织重生
3. 耐人寻味的光影细节
4. 暖光调节了空间温度

平面图

京扇子

设计单位：古鲁奇公司
设　　计：利旭恒、赵爽、南成
坐落地点：北京
面　　积：150 平方米
摄　　影：鲁鲁西

胡同尽头的扇子与猫

不久以前又去了一趟南锣鼓巷，本是逛了无数次的地方，却随着一路的人流与斑驳的树影，在巷子的尽头发现了藏在两棵槐树身后的扇子小铺。站在入口处的树荫下，简约的大玻璃窗框出店内的"扇景"。时值三伏里，虽然有树叶遮阴却也燥热难耐。"扇解招风，本要热时用"，来上一把扇子的念头倏然而生。

抬脚刚踏上阶梯，忽而，被瓦檐上的一只黑猫吸引了注意力。它像是身手矫捷的黑衣剑客，站在高处耀武扬威，吸引了不少游人的目光。门口的两棵老树，倒是成了成全它的妙所，轻轻一跃，引得树影摇曳，转身它已在树杈之上舔着自己的爪子。

推门进入店内，正是陈列扇子最多的售卖空间，若是爱扇之人怕是喜不自禁，各式各样的扇子陈列其中。大面积的木饰面朴拙沉静，甘于做底衬，衬出扇面之上或是花团锦簇，或是云淡风轻。展示台上各式不同的扇子鳞次展开，引得不少的客人在挑扇子，有人钟情于团扇温婉娇俏，有人喜欢折扇雅致风流，言语之间，好不热闹。展示台下的柜子比起普通的收纳柜要窄上许多，正是为了扇子本身的尺度考虑。灯光透过玻璃打在最上层抽屉里的扇子上，又使得扇子更加具有质感。

再往前走，收银吧台正对着这处空间中最宜人的庭院。一整面的玻璃墙不仅将自然光悉数洒进室内，更是将庭院中的绿景引入了室内，行至此处，来人皆会放慢脚步。说到这扇骨可大有讲究，光是选材就有玉竹、罗汉竹、湘妃竹、梅鹿竹等等的区别。再到制形、扇骨薄厚、头型的不同，种种皆是学问。正中放着一张长桌，忙碌时是陈列扇子的地方，清闲时又是喝茶对谈的场所。

坐在桌边，眼里看着庭院中的白玉兰树，正觉清爽，却又见那黑猫正绕着玉兰树踱步，招惹了不少目光，想是南锣鼓巷嘈杂的人间烟火盖住了它踏着瓦片归来的声响。有店员说它名叫格格，看它的做派倒真像是位格格呢！

这间扇子铺便是"京扇子"，其立足于北京，醉心制作中国传统的扇子。南锣鼓巷这间店不仅仅售卖扇子，更是爱扇的雅士们喝着茶畅谈品扇之道的好去处。

京扇子的设计是古鲁奇与往常不同的一次设计体验，作为专注于餐饮空间的设计公司，古鲁奇所做的零售空间占比并不多。"但是当我们来到南锣鼓巷，希望可以在闹市中置一处能让人缓下来的空间的想法油然而生。我们希望给雅士持一把扇子，给扇子置一个院子，给院子种一棵树，而在树下，有素爱哲思又不喜言语的黑猫格格，听人语、枕风眠。"

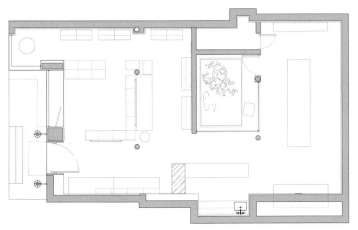

1. 两棵槐树后面的扇子小铺
2. 大玻璃框出室内外的景色
3. 扇子展示柜

平面图

1 | 3
2 | 4 | 5

1. 长桌既可陈列扇子又可喝茶对谈
2. 黑猫成为了主角
3. 玻璃墙使内外互通
4. 朴拙沉静的木饰面
5. 庭院中的白玉兰树

WU is Habitat WU is Limitless WU is Sense WU is Object

屋、无、五、物，探索反思万物本源，渗透到生活
的自然极简审美，尊重还原衣料的原本状态，工艺
知，"衣隐于物，物生之形"，传递天然素材与衣

racters of different tones of WU in Chinese——
e senses), wù (means objects), which repre-
ts infiltration in four dimensions of lifestyles to
imple aesthetics of Mono-ha art, the design of
th its crafts and forms closer to the nature. It is
and to all things.,"Dressing is hidden in objects
ial aesthetics of natural materials and dressing

WU 服装店

设计单位：寸创想建筑环境设计（北京）有限公司
设　　　计：崔树
参与设计：林孟丹、闫梦瑶
面　　　积：150 平方米
主要材料：毛石、阳极铝板
坐落地点：北京
完工时间：2019 年 5 月
摄　　　影：王厅

这是一个坐落在北京三里屯通盈中心的"之物 WU"男装品牌店，空间主要材料为毛石、阳极铝板。品牌名字中的 WU 意取"wu"，现代汉语的四个声调：屋、无、五、物，寓意是探索反思万物本源，渗透到生活方式的四个维度，去打造多元化的品质生活，这也恰好与我们的设计思维相吻合。

"WU"品牌 2.0 空间应该有容纳它特殊的地方，从呈现形式出发，到故事情节发展，再到普及的元素，历经的时间等，各个部分组装在一起，才能爆发属于"WU"的势能。

我们利用毛石材料的自然特性进行陈列，自然石材是对传统记忆的保留，同时加入了极具反差的富有科技质感的金属材质，让受众享受传统记忆的同时与未来科技进行结合。

擦掉产品定义空间的界限，让几何图案与线条，搭配偏理性的冷色调光源，结合空间中的镜面与定制的拱形灯带虚实相生，呈现出一个穿越未来的"时空隧道"。

本案通过五个商业逻辑：了解甲方、倒推好设计、创造价值、IP 植入、空间未来性，来最终实现空间商业目的。

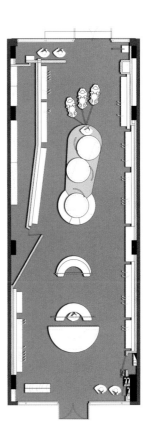

平面图

1. 店铺门头

1		
2	3	4

1、2.定制的拱形灯带
3.顶部的几何图案与线条
4.镜面延伸的效果

平面图

IMI'S MARKET

设计单位：北京吾觉空间装饰设计有限责任公司
设　　计：卜天静
参与设计：石开云、祝丹阳、韩昊
面　　积：80平方米
主要材料：水磨石、红色/绿色氟碳烤漆、透明亚克力
坐落地点：北京
摄　　影：吕博

"女孩"应该什么样？"内衣店"应该什么样？厌倦了被标榜，而这是一个只有"你"才能定义"自己"的地方"。

品牌终端同质化是现在市场上普遍存在的问题，大规模的复制反而忽略了空间体验的创新。我们了解到"imi's"这个名字是启发于法国经典影片《天使爱美丽》的女主Amelie，爱美丽认为每个女人心中都住着一个天使，希望消费者可以像电影中的Amelie一样勇敢，找到自己，接纳自己。

Amelie出生在一个父母都有点怪癖的家庭，甚至邻居也会欺负小Amelie，她慢慢长大，一直平庸而迷茫地生活着。但是，在人群中不起眼的她内心很丰富细腻，她也会有一些小癖好。比如把手插进装满豆子的袋子里，看电影的时候观察每个人的表情，还有用勺子敲碎布丁上面的焦糖。直到有一天Amelie在房间里发现了旧房东几十年前留下的铁盒子，她决定找到这个人并把这个盒子还给他。经历了波折之后，她终于找到了盒子的主人并躲起来偷偷看着他激动的神情，突然觉得自己浑身充满了能量。她开始像匿名英雄一样默默帮助身边的人，仿佛找到了生活的意义，并遇到属于她的爱情。整个电影平实而细腻，色调浓烈。Amelie是一个非常普通的女孩子，但在平淡的生活中，不经意间发现了属于自己的勇气和价值。

电影中最关键的场景有两处，Amelie的卧室和家附近的水果摊，全片色调以红、绿、黄色为主。设计师提取了影片里的经典元素植入到imi's爱美丽的全新空间形象中。MARKET在近几年悄然成为时尚界的宠儿，各大品牌开始用超市的场景办秀并拍摄大片，同时也成为了许多网红最喜爱的街拍场景。IMI'S MARKET将电影与MARKET元素相结合，衍生出一个"有故事"的空间。

门头设计取自电影中的经典场景，将内衣店伪装成秀色可餐的水果店，整体色调、霓虹灯管、装饰画、电视机等均提取自电影中的经典场景。收银台配有投影机播放电影及品牌视频，由于电影中的红和绿过于浓烈，设计师加入橘黄色的亚克力片很好地中和了整体色调，并关注空间中的细节呈现。空间中还藏有那个打开新世界的铁盒，想知道它在哪里就需要自己去寻找一下。

谁定义"女性"？谁定义"我"？

LATEST
PRODUCTS

丽美爱 s'im

CACTUS 时尚店

设计单位：边界空间设计
设　　计：黄三秀、施甫、高巍东、宋帅奇
面　　积：260 平方米
坐落地点：陕西西安
主要材料：混凝土、陶砖、钢材
摄　　影：申强

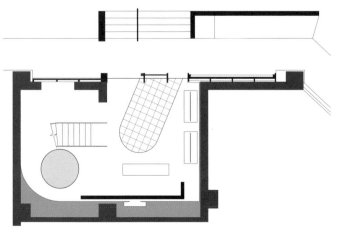

1F 平面图

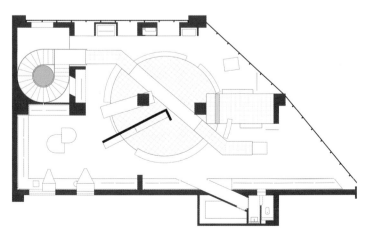

2F 平面图

粉色的神秘花园

位于西安的服装品牌 CACTUS 概念零售店，委托方希望这间店铺有着粉色的空间和浪漫的气质。当我们在空空的场地游走踏勘，多年前那个清晨的花园竟反复出现在脑中，依稀有着氤氲的粉色空间诗意，仿佛还带着那天的薄雾，梦幻般的色彩期待探寻。

店面的场地在一个街角的北向，周边店铺杂乱，门前台阶陈旧，有着 40 平方米的首层和 200 多平方米的二层。首层开间面宽有限，承担着由外到内、由下到上的客人引导和交通，二层东北方有着很大的沿街 L 形开窗和开阔的空间，只是铝合金方格幕墙上装着绿色的玻璃，外面很难看进来。突兀地竖着几根大方柱把空间无情地切割，西南角有两个高窗，仰望能看到杂乱的住宅区的窗户。

大面积的粉色会给空间带来甜腻的味道，我们警惕这种甜腻，试图让空间自然、质朴，同时又能传达出 CACTUS 所倡导的坚韧与时尚的独有气质。我们开始寻找本身带有粉色基因的主要材料，建造用的闽南旧陶砖进入选项，质朴、粉红、它山之石。去除外幕墙的横档，更换透明玻璃，让视线内外通透，充分利用自然光线和内、外向的视野。租下隔壁橱窗，拓展店铺正面宽度。整合侧向坡道，首层内外空间转换得到有效梳理。旧窗上拆下的绿玻做成了一层的吧台，作为空间色系的补色。艺术品是空间的灵魂，空间里有大幅的关于女性的画，柔美、感性、有着粉色的调子，而莫迪里阿尼的珍妮肖像在设计之初已选定，最适合不过。

白色的旋转楼梯作为两层空间的"连通器"，在粉色的空间中盘旋而上。下方的圆形水槽倒映出楼梯和天花的轮廓，像通往花园台阶旁池塘的隐喻。高挑的空间接近 9 米，天花由几个异形同心圆错落嵌套，呈现出天空流云般的自由气韵，梦幻而迷人。直至二楼整个空间的光线都是微妙的，本是北向的开窗会有对面两栋大楼的幕墙次序反射的阳光进来，间断照射近三个小时。街上的车流熙攘，车窗反射的流光斜洒在店内的墙上，像意识流的电影，其中还叠加着店窗玻璃上的字体透印，浮光掠影，仿佛看见光阴的流动。单是看着粉色的光影变换，可以看上很久。

二楼用一个错裂的圆在分配功能空间的同时整合出花园的意向，形成园内与园外的两种空间关系。园由钢构架空抬起，由红色的旧砖满铺，顶部是大同而小异的错位粉色。中心由一条类 T 台的通道再次将花园解构划分，连接起园内外多个标高不同的功能区域，使各个区域之间形成不同的层并完成了功能区之间的转换，同时起伏制造出类似中国园林的"山地感"，可此园又非彼园。园后有一洞，似斜切般开墙破壁，洗手间与库房暗隐其内，却露着皮肉般的粉嫩脆弱山体。场地西北角距窗最远，实为背处，却有着南向住宅楼夹缝中的两个高窗，是场地唯一阳光直射的地方，在中午前后的一个小时。我们却进行了遮蔽，做了"潜望镜"装置，遮掉窗外杂乱的视野，滤掉直射进来的反差太大的强光。两个压缩的视口让人禁不住想要望出去，望向内部装着滤光用的红色阳光板窗口，以及上面的诗句和粉色光芒。

生命就是一场寻找和表达自己的过程，我们都在用自己的生存方式表达自己，关乎情感，关乎温度。建筑和服装其实是人的另一层皮肤或庇护所，它可以保护、表达我们，它需要符合我们的审美，适合我们的身形和气质，它需要被触摸，需要去体验。希望这个空间会让我们更好得感受服装，寻找自己，表达自己。

1 | 2

1. 接待台
2. 旋转楼梯是两层空间的连通器

1 | 3
2 | 4

1. 两层架高的试衣间
2. 粉色的光影变幻
3. 错裂的圆整合出花园的意向
4. 大面积的粉色却不显甜腻

长风大悦城·女主体验空间

设计单位：裸筑更新建筑设计事务所
设　　计：柏振琦
参与设计：盛朦萱、薛锦华、吴叶静、陈子酉、诸辰辰
灯光设计：降昭龙（迈骏国际）
面　　积：500 平方米
坐落地点：上海

在商业方面，裸筑接到的设计命题是在一个十米高的商场空间里，设计一处共享客厅，而这座商场的主题被定为"女主体验空间"。其功能包括：游乐地、商场客厅、亲子表演舞台、图书馆、展览的功能复合空间。

入口楼梯的"柔"、"蝴蝶"的"柔"、曲线水磨石体量的"柔"，原楼板边缘被"柔"化，边缘立面形成"迎"式的曲线，为"蝴蝶"空间提供了一个"看"的场所。新建的椭圆旋转楼梯连接 4 楼到 5 楼的垂直交通，为整个场域提供了重要的通道及主视觉形象。

这个"蝴蝶"里，我们用了 44 个钢管拱圈，按照原楼板造型，弯曲出一阵连拱，以这个场地的原垂直构筑——钟楼向外中心阵列。曲率骨架的膜结构，是我们对"女性"这个词汇的象形定义。庄生晓梦迷蝴蝶，在这个语境里，蝴蝶即女性。在不同色阶的灯光渲染下的膜结构，正是"女性"的"迷"与"幻"。

而在功能方面，曲线的落地钢构有效代替了由于功能不同而理应产生的墙体隔断，柔美的空间语言被"光"与"曲线"解放。曲线骨架所带来的向心力以及自由平面，重新定义了原本单调的空间，形成了"女性"空间所特有的场域精神。

"膜"有很好的阻热保温功能，是室内微气候的调节者。我们花了半年时间，来尝试和研究将"膜"结构置入室内空间所必要的施工、建造顺序、节点连接、灯光配合、结构荷载等。结果令我们兴奋的是，"膜"材料所衍生出的柔软"肌肤感"，形成为一种特殊的媒介载体，与我们想表达"女性"的"蝴蝶魅"相得益彰。

1. 十米高的商场空间
2. 钢管弯曲出的连拱
3. 椭圆旋转楼梯连接起四五楼

1F 平面图

2F 平面图

1	3	1. 复杂的光环境穿越过"膜"
2	4	2. 曲率骨架的膜结构
		3. 不同色阶的灯光渲染
		4. 曲线水磨石的"柔"

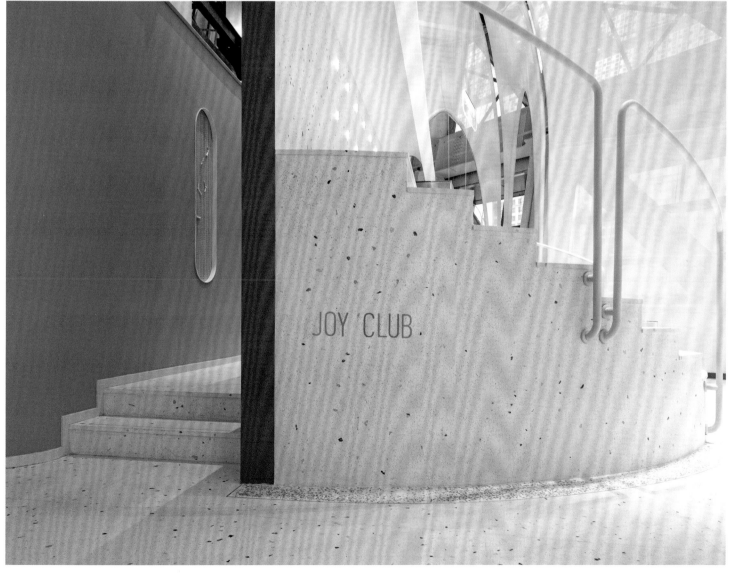

1. 流线型的飘带造型

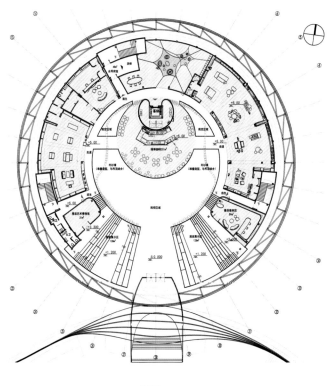

平面图

雅戈尔 001 时尚体验馆

设计单位：JFR Studio
设　　计：徐岭啸
面　　积：5000 平方米
主要材料：大理石、金属网、铝板、发光膜、木材、竹编、水磨石
坐落地点：浙江宁波
完工时间：2019 年 8 月

穿过时光隧道

位于宁波的雅戈尔 001 时尚体验馆，是高档服装品牌雅戈尔联合 JFR Studio 打造的地标性时尚中心，旨在开发能够给与顾客多重消费感官体验的体验馆，作为未来消费产业的标配和常态。

外立面门头区域的设计概念取自"时光隧道"，结合流线型飘带造型带来一种面向未来的想象力，无限延伸，无限扩张，引人往里探索，行进间，犹如置身于一个充满科技感的空间之中。进入体验馆后，则是一门关于光与影的美学。原始建筑是一个外立面为玻璃的半圆球体，将玻璃内部全部拆空，圆球中心设置了一个伞状核心筒，散开的"伞面"运用了随机的穿孔元素。每当白昼之时，阳光穿透进球体内部，通过"伞面"的孔洒到地面，留下影影绰绰的光感，明与暗、透与半透的巧妙叠加，塑造出极具感染力的磁场。同时，核心筒作为竖向交通的解决方案，引导着顾客产生空间记忆和坐标。

除了电梯，设计师在入口两侧设置了大阶梯，尺寸比普通阶梯更宽，目的是在不同场景下可灵活转变用途。一方面能够满足卖场不定期的展示需求，另外还可供客人随意坐下休憩，且能够满足多人小型活动的需求。设计师主要围绕 YOUNGOR、MAYOR、HSM、HANP 四个子品牌进行空间设计。

作为雅戈尔的经典品牌之一，YOUNGOR 包含年轻化的运动轻薄风格和轻熟的休闲正装两个系列的服装。对于前者，为了契合年轻客群的感受，在空间中置入科技未来感，运用金属网、镜面等工业元素，赋予空间年轻的生命力。而轻熟系列的空间形态，在整体风格上与轻薄区呼应的同时，也凸显了该系列轻奢的特色，采用了方形为主的相对内敛的元素，使用香槟金作为主色调。偏美式轻户外风格的 HSM，在整体空间色调上和

YONGOR 轻薄区相呼应，但又演绎着属于自身的设计特点。设计上运用较现代的手法，将美式风格中经典的装饰线条元素在空间中恰到好处地表现，并利用白色发光膜模拟自然光，不经意带出轻户外的空间氛围。

设立在阶梯两边的楼梯，将一楼轻薄运动系列和二楼更加商务化高端化的 MAYOR、HANP 品牌的商业空间分隔开，将顾客引流至购物面积更大的二楼，也使整个动线呼应了中心的伞状桶，如同一棵大树般伸展生长，商品展陈也随之变得丰富。定位高端西装定制品牌，MAYOR 以品质感作为设计关键词，借由细节诠释品位。在柜体的设计上，增加了凹进去的线条层次。材质采用了具有品质感的仿古铜和小面积的深色木饰面，增加细节感。崇尚自然的 HANP 汉麻，整体空间以自然清新为基调，为感官慢慢注入情绪。透过木材、水磨石、竹编等原生态感受的材质，清浅舒适的空间感受油然而生，麻制的块毯作为呼应，再次强调关于自然的语汇。

沿着左侧大阶梯拾级而上，是展示雅戈尔衬衫西服工艺的服装博物馆。机械化时代，慢慢失掉的匠人精神正被逐渐找回。雅戈尔对服装细节的考究，对服装工艺精益求精的态度，都一一展示在充满情怀的博物馆里。此外，机器人服务员、VIP 休息室、咖啡吧、VR 体验室和儿童游乐区等突破了传统品牌的商店模式，雅戈尔 001 时尚体验馆承担了品牌体验融合、消费融合的职能，更是时尚文化的传播中心。

以体验带消费的线下商业空间，正以一种有别于传统快消费时代的方式升级着人们的消费习惯。JFR Studio 在整体统一设计的基础上，将不同品牌各自丰富的内涵、卓越的品质和匠心的设计汇聚在一起，为消费者缔造了丰富的购物体验。

1	4
2	3	5

1. 伞状核心筒运用了随机的穿孔元素
2. 阳光穿透进来
3. 运动系列风格的展示区
4. 原生态材质营造舒适空间
5. 格子展陈柜

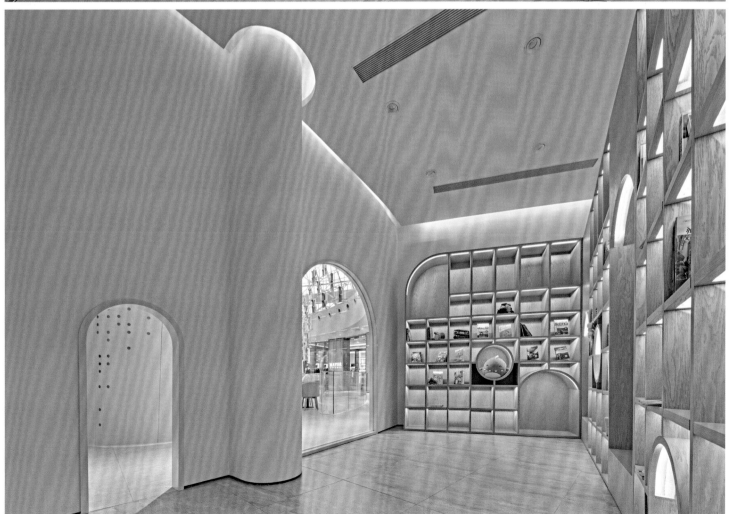

国采中心 T3 展示馆

China Procurement Center T3 Display Unit
设计单位：ADF 后象设计师事务所
设　　计：陈彬
参与设计：刘飞、路明
面　　积：2000 平方米
坐落地点：湖北武汉
摄　　影：周心

国采中心地处武汉光谷核心，是注重空间的创新、协同、分享、舒适、灵活，并有助于人们互相交流的新型商业综合体。其 T3 展示单位为避免千篇一律的房地产销售空间样式，功能上被分为两块：一楼的接待区和项目展示区，二三层的泛商业展示运营和联合办公区。设计团队希望设定两个极具差异化特质的空间，强化其对比，并利用体验感上的差异，完成各区域板块的功能需求。

国采的"采"被理解为一个动态方式，一种由分散到聚集的过程，由发散、流动、放射到汇聚、收集、沉淀。整个过程以垂直的方式呈现：高层的分散、自由、多元、变化、共享；低层的单一、纯净、静谧、凝聚，这是基于该项目的价值观输出的人文态度。

一层是接待区和国采中心项目区，设计者强调用物理介面来释放空间尺度张力，以此来传达对品质的追求。美术馆空间的单纯、宗教场所的静默、选材的极简克制、视觉透视拉升的尺度感，糅合成剧场化的场地气氛，营造沉默却充满说服力的空间。

材质被赋予寓意，有着颗粒视感的人造材料被单纯地大面积使用，从一楼挑空延伸至三楼。在一定高度的空间界面以下也使用相同的选材，达到运用视觉感受强调采之动态的意图。同样，象征无穷自然元素和复杂性时代符号汇集的线型金属墙面，产生出抽离又融汇的兼容局面，依旧是强化物理空间特质的手法。

装置艺术的植入是对建筑空间特性的唤醒。接待大厅的悬挂装置带来强烈的视觉体验，点状构组的黑色玻璃球体自由地向四方流转、散开，指向并连接来访者即将进入的未知区域。被称为采集器的巨型透光艺术装置垂挂在水面上，诉说着人类对空气、光、水的依赖和迷恋。

二层和三层包含国采运营传播区，联合办公共享空间及社区生活体验区。作为推崇轻松工作快乐生活的新商务体验载体，共享与开放是主题，这里有自由的家具组合、高纯度配色的跑道地毯、异想天开的阶梯式讨论区、醒目幽默的咖啡吧、色彩绚丽的会议室、跨越国界的健身房、艺术展览专属区及充满阳光的户外休息区。

空间的多样性是以各类人的不同行为方式叠加而呈现，活动是空间逻辑的主线，没有过多地追求风格化表现，而是把全部的关注度落实在通过体验感受，使新商务的多种可能性变得更加直观和令人向往。

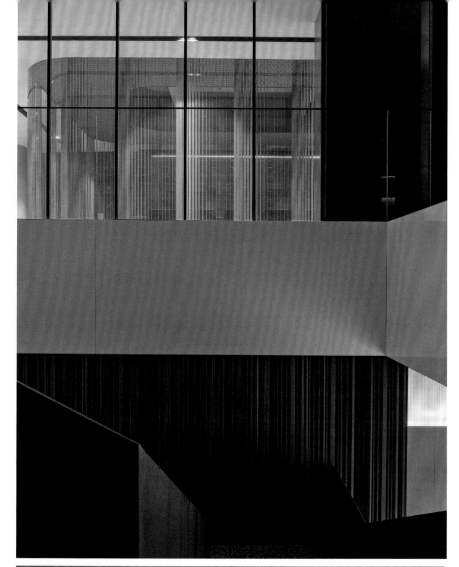

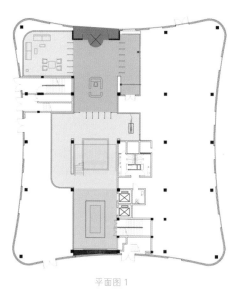

平面图 1

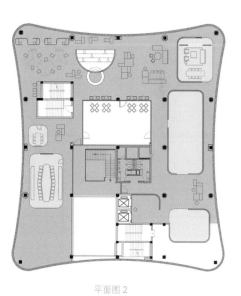

平面图 2

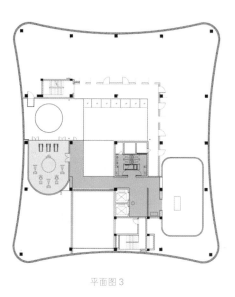

平面图 3

1 / 3
2

1. 有着颗粒视感的人造材料
2. 色彩绚丽的会议室
3. 项目展示区

ZERO PET CLUB 宠物店

设计单位：南京拿云室内设计有限公司
设　　计：陈诣杰
参与设计：马明星、倪佳伟
面　　积：460 平方米
主要材料：水磨石、木饰面、钢板
坐落地点：江苏南京

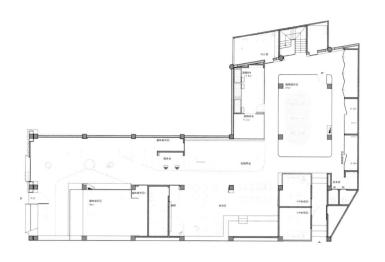

平面图

书店？咖啡馆？然而外墙上被设计成猫咪图案的灯牌，早已明确宣告了这个空间的真实属性。

开放而明亮的门头设计犹如无声的邀请，吸引着人们将视线自然而然地延伸至店面内部。白色和原木色的娴熟使用，表现出品牌的温馨度和精致感。

460 平方米的空间，被大方地安排分配，打破一般宠物店狭小拥挤不易通风的格局。宠物休息区用原木和玻璃分隔出一个个独立的"房间"，并用数字标记以方便管理，小沙发凳可以灵活移动，主人可以坐在透明的玻璃窗口和宠物互动，同时又不打扰其他房间的"住客"。

通过极简主义的设计手法，搭配原木、玻璃、钢材、裸管等归本元素，在高楼林立的繁华都市中，打造一个具有复合之美的宠物天地。猫咪玩耍区有着强烈的自然风格，各种空中爬梯和猫爬架组成一个冒险乐园，独立的设计既可以让小家伙们玩得开心，又不至于抢占大厅的其他公共空间。

大厅是一个综合性区域，宽敞磊落的的平面布局、冷暖适宜的灯光效果、浓淡结合的色彩处理，十分具有流动感和趣味性。这里其实更像是一个宠物社交生活馆，主要进行一些宠物的行为矫正训练，同时经营其他宠物周边产品，比如宠物旅游、保险、写真等。

设计师对该项目的定位是"巧而美"，打造俱乐部形式，增进人与宠物的互动。

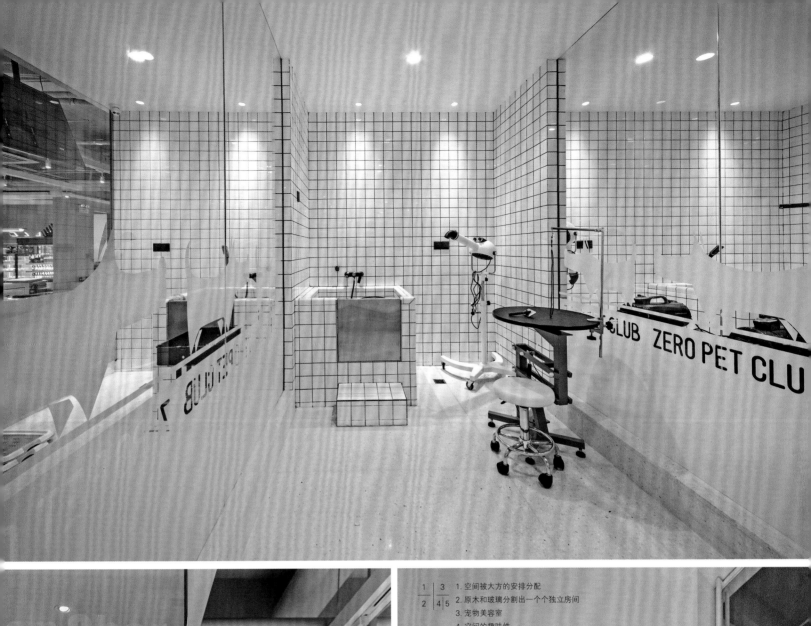

1		3
2	4	5

1. 空间被大方的安排分配
2. 原木和玻璃分割出一个个独立房间
3. 宠物美容室
4. 空间的趣味性
5. 白色楼梯

THE OPEN 服装店

设计单位：中国柒筑空间设计有限公司
设　　计：黄齐正、黄小影
面　　积：35 平方米
主要材料：水磨石、橡木地板、人造石、金属
坐落地点：浙江温州
完工时间：2019 年 5 月
摄　　影：李迪

白色盒子

这是个极小的迷你空间，室内面积只有 35 平方米的商业体。一个简单的盒子，在立面不
断剥离、不断反思、不断延伸，用建筑构成，用光影诉说纯净、通透、细腻的情感。

阁楼的搭建是让小空间可以延伸、展开，并且梳理空间的层次感，还可以让小空间得到
更充分的利用，满足使用性。

地面铺装白底的水磨石，让干净的空间更有细腻的画面感，柔和的灯光下，地面的石材
变的柔软温和。灯带在挑空阁楼两侧，使空间载体从量变到质变，将建筑形式转载到室
内的体验。橡木楼梯踏板结合地脚灯，使得狭窄的楼梯通道有巧妙的延伸感。极致白色
的纯粹感犹如烙刻在脑海。

店铺门面很小，大面使用白色在底部做水平长条横窗，而不再是传统的橱窗形式，引起
行人的好奇心。门头的两侧做了侧切小块面，在大面积中的细节富有立体感。每个空间
的开启是人，每个空间的成长也是人，愿它可以长成我们喜欢的模样。

1F 平面图

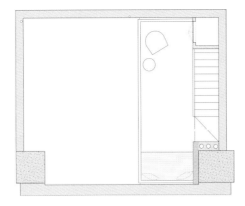

阁楼平面图

1 | 2 / 3

1. 底部的水平长条横窗
2. 迷你商业体
3. 黑白色的对比

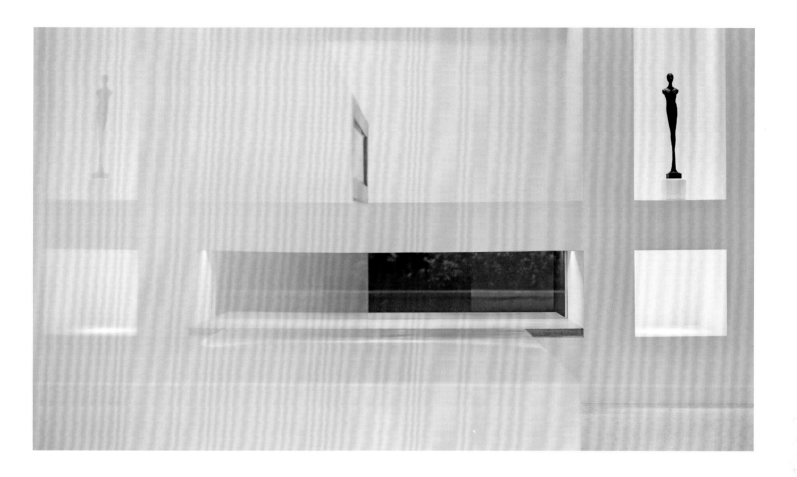

1 | 4
2 | 3 | 5

1. 灯带在挑空阁楼两侧
2. 小小的装饰画点缀了墙面
3. 阁楼带来空间的层次感
4. 极致白色的纯粹感
5. 地面是白底水磨石

贝发集团展示中心

设计单位：JCOO 境库建筑
设　　计：岑立辉
参与设计：吕滨、陈立东、戴海玲、蔡明萍、朱雨露
平面展陈：岑立辉、应乐山
面　　积：650 平方米
坐落地点：浙江宁波
完工时间：2020 年 1 月

"摄影机式" 的空间叙事

贝发集团是中国最大的笔类产品出口商，多次获得各种国际奖项，贝发旨在新总部基地建立以体验、演示、展望为核心的企业展厅，重塑贝发文创产业园的新秩序。

项目建筑主体为由旧标准柱网结构的厂房改造后的二层空间。设计区域位于一层前厅的南侧，场地柱网均列分布，形式单一。于是境库建筑重新审视设计的意图，用"时间"来决定空间的形态。梳理"时间""空间""信息"为基本维数，通过在空间情境中的移动停留增加四维体验度的同时，呈现一个兼具融合现代主义建筑与空间关系的展示空间。

贝发展厅充满着叙事性的场景。延伸的序厅、感性的历史回顾、理性的现在体验、科技的多媒体路演、无限畅想的未来等场景共同构成了整层的空间逻辑形式。面对空间功能的确定与未来可变需求的不确定，对区域进行矩形切割，让每个叙事空间形体进行组合、叠加、围合。多形体的空间独立又相互渗透，对空间的场景性、互动性、开放性进行更好的融合。在延展的整个维度里空间不再是局限展示，更是一个能被感知的空间。

展厅序厅延续空间设计的互动开放，延伸的主入口 LED 屏兼顾序厅的展示和大厅的共享，光影镜面的处理手法和刻意压低的层高从入口建立空间秩序的线索。叠构的矩形体让"入""出""展"的功能相结合。橱窗裂形诱发受众的好奇心理，空间相互渗透增强整体建筑的关联。

1. 延伸的序厅

历史回顾展区，当人们在和过去进行对话，会有或放松，或严肃，或沉思的不同心理。叠加的空间让序厅和历史展区浑然一体，延伸了彼此的空间尺度。厚重的暗系空间述说着创业的艰辛，展示柜的浅木色和白玻通透、温和，缓缓而至的简约衬托出展品的沧桑。由历史展区进入现代体验区的动线过程，不仅仅只是一个空间的转换，场景化的叙事让展示的意图更明了。发光玻璃墙体的围而不合，增强空间的自我对话，光影增强空间的层次感以及穿透感。

媒体路演展区智能可调灯光和深蓝矩形聚音罩，夸张而戏剧，缓解高灰调展区的冷漠感。在空间转折区间以充满科技感的设计，以高对比的色调和线面的处理让时空进行碰撞，为受众进入下一个展示空间铺垫心理喻示。

未来畅想展区采用全玻璃面材质的矩形体，空间的功能布置和设计结构清晰。由玻璃和冷光割裂出的的连续矩阵、图文、展示相互融合，模糊了展区的界限，带给来访者连续的体验，引领人们思考过去和展望未来。

我们坚信"摄影机式的"空间处理，帮助受众进入时在心理层面建立对空间展示的设计叙事感，并由此在最后获得类似观摩影片后满足的心境。

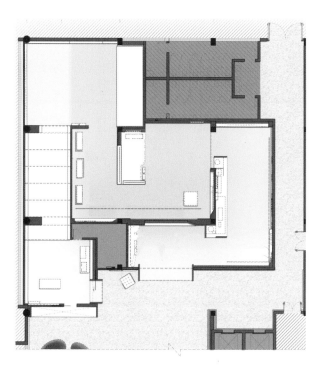

平面图

1、2. 戏剧化的媒体路演展区
3. 历史回顾展区
4. 未来畅想展区的连续矩阵
5. 现代体验区的场景化叙事

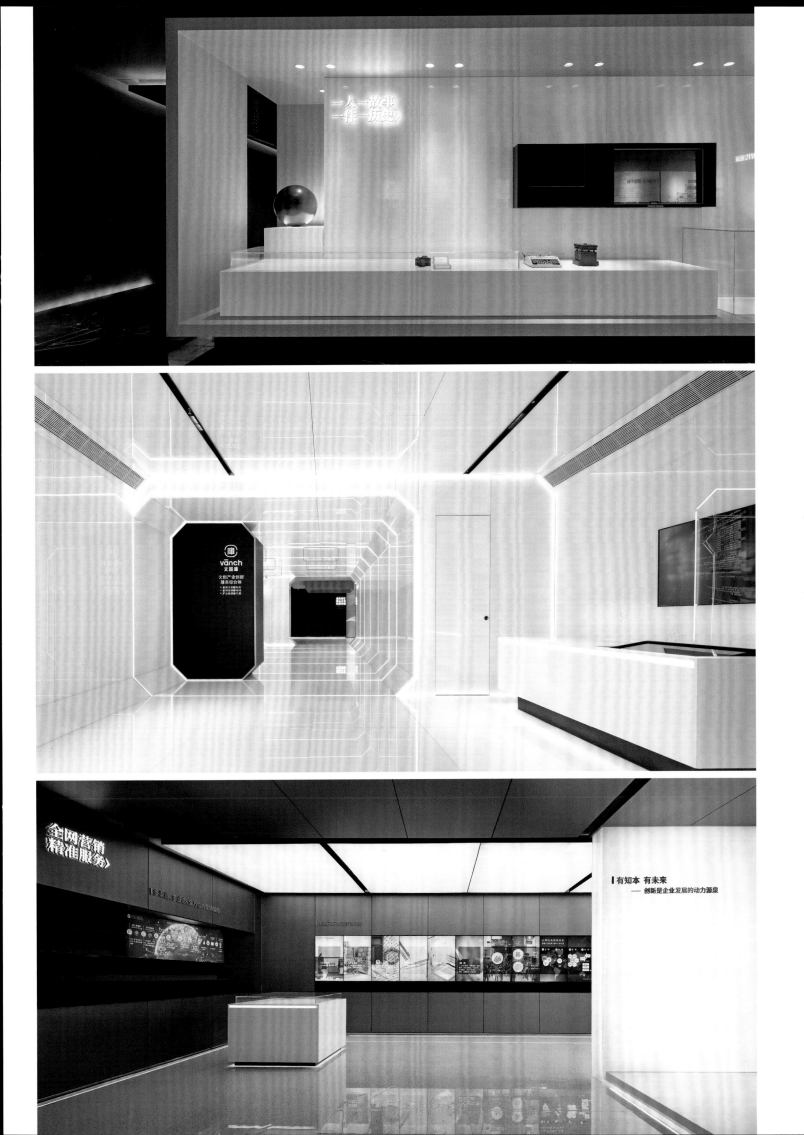

景德镇丙丁柴窑

设计单位：张雷联合建筑事务所
设　　计：马海依
参与设计：张学
面　　积：1800 平方米
坐落地点：江西景德镇
摄　　影：姚力、董素宏

浮梁曾经是景德镇管辖地，被称作瓷都之源，高岭古矿遗址也是国际陶瓷文化圣地。丙丁柴窑位于浮梁县前程村，距景德镇市区不到一小时车程，基地四面环山，竹林环绕，有溪水从基地中间流过，环境清幽。

丙丁柴窑包括窑房和窑炉二部分，设计以窑炉为核心，布局生产和参观体验两条平行的动线。丙丁柴窑的窑炉有 160 担容积，长度约为 11 米，烟囱高度也在 11 米左右。由余和柱师傅带着徒弟们在二个月内建成。蛋型柴窑的复杂双曲面砖拱砌筑全凭经验，其传承依赖师徒关系且一般不传外人，整个挛窑过程中没有任何图纸，目前也没有任何文字资料记载。

丙丁柴窑空间仪式感的创造以窑炉为核心，窑房采用与窑炉砖拱结构类似的混凝土拱作为空间母题，强化以窑炉为中心的东西轴向对称序列。顶面光带、墙面条窗、地面竖缝均指向窑炉中轴。细长的天光自屋顶中央洒落，随时间在窑炉表面移动，由内及外浮光掠影，炉火星空天人合一。

窑房的功能分区按照生产流程和参观体验两条动线布局。生产动线集中在底层，包括窑炉前平台区及楼梯二侧的台阶，主要在满窑、烧窑及开窑期间使用，可以上釉、装匣、满窑、堆松材、点火、开窑等。底层两侧靠外窗的房间为上釉、装匣、磨把、匣钵和瓷器储藏等日常工作区域。满窑、烧窑和开窑时有 30 多位窑工在现场工作，夜以继日。窑炉背后是他们的临时生活辅助空间，包括卧室和卫生间淋浴盥洗间等，方便工间休息。

在前程这个优美宁静的丘陵山村，老余夫妇和地方政府希望借助柴窑的复兴，带来更多对景德镇陶瓷产业的关心关注，带来乡村技艺传承和经济发展新的契机。在中国文化里，瓷器从来不仅仅被作为日常生活的必需品，更是感悟生活的重要容器。

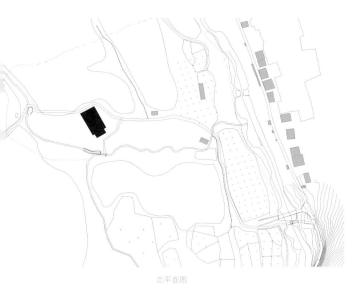

总平面图

1 | 2/3 | 1. 窑房全貌
2. 窑房正立面
3. 入口门廊

HeTIANSHIA 德基店

设计单位：WEI 建筑与室内设计
设　　计：魏士能
参与设计：殷梦、李康
面　　积：50 平方米
主要材料：水波纹不锈钢、石材
坐落地点：江苏南京
完工时间：2019 年 10 月
摄　　影：EMMA

本案从消费者的情感体验出发，以"珠宝 × 艺术"的形式大胆创新门店设计和陈设方式，用自然艺术和卡通 IP 活化品牌文化，强调品牌背后所传达的理念和生活方式，提供爱的深层次互动体验。以美国羚羊谷为设计灵感，理念传达"坚不可摧的爱与希冀"。

以纯白色作为视觉重心，昭示"世界五光十色充满诱惑，而我愿在心底为你保留永恒的纯白，并生长出希冀"的爱情宣言。巨型珠宝盒、卡通人偶、进口日本吊钟等充满希冀与喜悦感的趣味元素吸引消费者拍照打卡，成功塑造网红概念体验店的鲜活形象。

"永不止息"成为本案设计思想的焦点所在，仿砂岩的艺术壁材墙面，流转的曲线造型规避空间中的阳角，用灯光将墙面凌空而至，震撼的视觉效果与柔美的心灵体验和谐交融，展现爱的永恒力量。一株日本吊钟在大面积纯白色空间中脱颖而出，那是爱的永生。仅此一株，只此一生，日日生长，栖息相伴。

地面材质则选择深色板岩，曲线墙面瀑布般落于地面，黑白分明交相辉映；顶面材质选择了不锈钢水波纹板，让整个空间灵动起来，银色质感同样传递坚不可摧的意念，更像无限延伸的浩瀚苍穹，爱的生生不息。柠檬黄色的椅子与嫩绿色的吊钟上下呼应，看似轻描淡写地洒落于纯白色的空间里作为调色，使整个空间在色彩上显得有层次感。同时，黄色更是旺盛生命力的象征，让每一对落座于此的爱人，更加笃定。

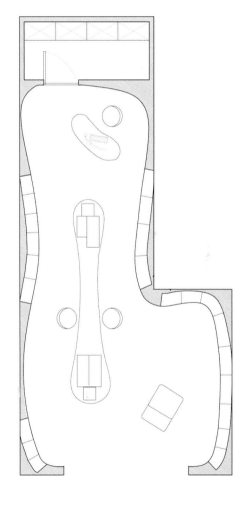

平面图

1. 顶面是不锈钢水波纹板

1 | 3
—
2

1. 卡通人偶和巨型珠宝盒打造网红店
2. 一株日本吊钟脱颖而出
3. 曲线造型规避阳角

GRAYLESS 艳否 PAFC 店

设计单位：未来设计（深圳）有限公司
设　　计：胡游柳
参与设计：罗凯
面　　积：68 平方米
主要材料：大理石、不锈钢、玻璃、亚光烤漆板
坐落地点：广东深圳
完工时间：2019 年 12 月
摄　　影：Lephoto 乐在拍摄影工作室

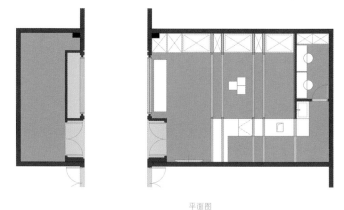

平面图

1. 复古式的门面设计
2. 超大的玻璃橱窗
3. 地灯射在拱形金属上

艳否，我不会遇见第二个你

自从遇见你，我的世界没有一片灰色。造一座心中的殿堂，等待你的完美告白。简单拱
形的重复手法，营造出仪式感的同时，也拉伸了空间的长度。浓重的色彩反映出花朵们
绚烂的光影，这里的所有，是否足够惊艳你的重要时刻？一切平淡无奇，都只是生而未遇。
时刻馥郁浓艳，都因为刚好有你。

GRAYLESS 艳石

TSUEN 设计师品牌集合店

设计单位：有田建筑空间设计有限公司
设　　计：田然
参与设计：杨喆翔
面　　积：185 平方米
主要材料：大理石、不锈钢、彩色玻璃
坐落地点：辽宁沈阳
完工时间：2019 年 1 月
摄　　影：钟永刚

一场高级定制的主题秀场

设计团队将 TSUEN 服饰品牌观念植入空间，时空交错的盒子相互叠加穿插，依据功能需求空间布局收缩扩展，耳目一新的室内格局引人探究。既要保证不同主题产品的陈列，又要满足消费者的视觉舒适和愉悦，基于这两点的结合，简洁的设计和专业的功能分区相符共生。

挖掘纵深空间，创造出更多立面，插入空间的三个"立方体"，使空间动线曲折迂回富于变化，展示区也自然形成了不同系列和主题的区分。平面"转向"后产生的零碎空间被"藏"起来，用作功能间，在不被打扰的情绪里，进入、感受、沉浸，享受购物的过程。灰粉色地面，叠加枫叶红天然大理石，透出一场高品质时装大秀的奢侈底色。灰粉色、枫红、纯白，不同场景交错丰富串联贯通，天性热情的珊瑚橘色在互动式空间里引发触感与交流。以建筑的笔触勾勒空间的形态，建立一个精神的场域，承载人与空间感对话的可能性。

多功能吧台兼具水吧与收银功能，线条清朗利落呼应饰品区体块组合设计，开口位置与尺度内敛友好，空间处理干净明亮、清澈饱满。光的明暗与亮度逐渐收拢，在试衣间里遇见美的自己。几千条发光管手工穿制，形态各异，串联弯曲，凝结成裁缝手中的"针"与"线"，穿针引线量身打造，正是高级定制最初的定义。在大量直线和斜角之外，圆形符号柔化了休闲区的氛围，前景与背景不同层次色彩演变推进，赋予视觉上的唯美享受，在静谧雅致之外感受时尚的魅力。

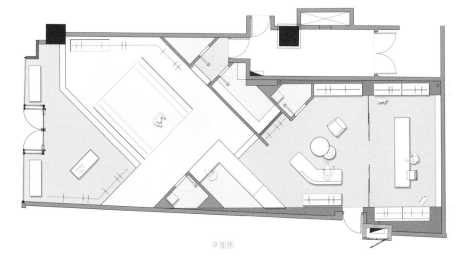

平面图

1. 彩色玻璃渲染了空间
2. 空间一角
3. 圆形符号柔化了休闲区的氛围

$\frac{1}{2}$ | 3

1 | 4
2 | 3 | 5

1. 热情的珊瑚橘色
2、3. 形态各异的发光管凝结成"针与线"
4. 多功能吧的开口尺度
5. 不同层次的色彩演变推进

上海梁景华家居馆

设计单位：P A L DESIGN GROUP
设　　计：梁景华
软装设计：深圳市门川家居有限公司
面　　积：413 平方米
坐落地点：上海
完工时间：2019 年 4 月
摄　　影：张骑麟

快速、便利、数位化……在这日趋同质化的世界，梁景华先生以设计包围生活，将 "Visual Journey" 成为日常。曲折的波浪犹如雅淡的布幕，为上海梁景华家居馆展开序幕。穿过光影隧道，更近距离的感受梁景华的设计精神，把艺术生活更细致地传递。

打造光感，化棱为弧。天花镜面倒影成圆，柔缓的包覆视野，注入永恒不朽的蓝色调，漫漫无边的在简约中流露优雅。设计始源观察，品味是对细节的讲究。室内纵横的动线一步一景，引导着观者的缓缓步伐，感受内敛的文化沉淀；几何图案错落却不错杂，缔造浮光掠影，像是薄暮时的天空，引人深思，令人安心。空间平衡的视觉铺陈，设计感与舒适度并重，花落各处的艺术品出自意大利雕塑家 Cynthia Sah 与 Nicolas Bertoux 的匠心，为空间调色、为生活入味，呈现多变的视觉元素。

以设计包围生活，将 "Visual Journey" 成为日常，不需要刻意寻找，艺术与日常生活自然融和。将色彩透过家具注入不同场景，增添视觉魅力，简约不失温度感。当中不容忽视的红色，提升空间的动态感，以色彩为空间达至微妙的平衡感；当走过不同场景，从轮廓、材质到配色，营造丰富视觉质感，强大的黑色却最具包容性，是宇宙的基调，展现高雅与自信。梁景华在 "空间" "艺术" 和 "生活" 之间呈现了不一样的注解，让人于空间内步行思索生活艺术。

1. 波浪如雅淡的布幕
2. 空间细部

1 | 2

1、2. 空间平衡的视觉铺陈
3. 天花镜面倒影成圆
4. 出自艺术家的匠心
5、6. 不同场景的家具展示

南京河西美容医院

设计单位：南京登胜空间设计有限公司
设　　计：陶胜
参与设计：张奕、蔡辉、黄婉、徐青华
面　　积：580 平方米
主要材料：镜面不锈钢、乳胶漆、大理石
坐落地点：江苏南京
摄　　影：Ingallery

以半求圆

"以变美为中心"是河西医美所坚持的核心价值理念，整个医美中心位于南京双子塔北塔 7、8 两层，共计 4000 平方米，2019 年 8 月开始设计，项目由四部分空间组成，前台接待区、接待大厅洽谈区、VIP 面诊室以及住院护理区。前台接待区的面积超过了一百平方米，登胜设计团队采用了"虚拟空间"的处理手法。将整个天花做成镜面的不锈钢吊顶，利用镜像的手段延伸出折叠的意象，让空间在动态的虚幻里产生游离的韵律感。起伏的墙面以及长达八米的前台，都采用了阴刻的装饰手法，营造出科幻气质的未来感。金色的圆环吊灯悬挂得错落有致，提升了空间的艺术感，且"圆"的意象是设计者为空间提取出的主视觉，寓意圆满，希望每一个前来问诊的人，都能够拥有机会去遇见更加完美的自己。

通向接待大厅洽谈区的路径，是一处弧形的隧道，用光影将内外切割成两处相互独立的空间。以时尚跳跃的视觉呈现、自由对接的功能分区、注重情感和直觉的氛围营造，并将这种轻奢质感的理念无缝贯穿在空间的始终。内里沿袭前台区域的空间逻辑，继续使用不锈钢镜面吊顶。"圆"的意象依旧是空间的测量尺度，镶嵌在不锈钢天花的半圆形艺术装置，通过投影变成了一个个大小不一，方向各异的整圆，营造出轻盈的飘浮感受。金属质感的圆形茶几，抽象切割的艺术画作，扎哈知名的月亮沙发成为流动的纽带，将室内与建筑的界限模糊开来，建构出实用体验与美学意象共存的复合功能空间。

1 | 2
1. 接待前台长达八米
2. 接待区一角

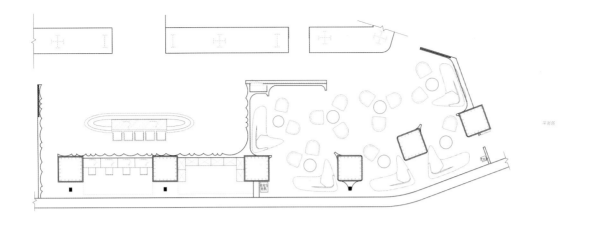

平面图

1 | 2 | 1. 弧形隧道
--- | 3 | 2. 镜面的不锈钢吊顶
 | | 3. 金属质感的圆形茶几

外滩金融中心南区商场

设计单位：Kokaistudios
设　　计：Filippo Gabbiani、Andrea Destefanis
参与设计：Pietro Peyron、王思昀、赵牧云、Andrea Antonucci、刘畅、陈芳汀、黄婉倩、
　　　　　许馨洁、陈芸苇、徐睿辰、Kasia Gorecka、Marta Pinheiro
面　　积：91,982 平方米
主要材料：瓷砖、木材、水磨石、反光不锈钢
坐落地点：上海
完工时间：2019 年 12 月
摄　　影：张虔希

1	3
2	

1. 一层小中庭
2. "水上" 与 "水下" 空间的对比
3. 绝佳的景观视野

水系主题 · 滨海度假

近期，Kokaistudios 受复星地产的委托，领衔负责外滩金融中心南区商场的室内设计。该项目见证了一个顶级商业空间的华丽转变，也见证了 Kokaistudios 强势回归外滩这一上海的黄金滨水地带。该室内设计项目的挑战是在概念上打造轻松愉悦的滨海度假风情、模糊室内外的界限，并满足现代购物及生活方式的需求。团队以"水系"为线索，采用多种设计方式，成功将商场从单一购物转型为全面生活方式的空间。

设计首先打破建筑原本沉重的外立面，将窗户朝向外置，让商场与浦东新区华丽的天际线相连，而对内则延伸至一个中央庭院。这样的做法赋予空间一个强有力的亮点：以绝佳的景观吸引过路行人的注意。

受到黄浦江自然形成的岸线启发，设计也进一步模糊了租户与公共空间的边界，打破传统商场空间的局限性，再没有哪一面是商户"正面"的感受，使之更加开放、灵动，也与"水系"的主题相契合。同时，设计增加了面向中央庭院的开放式商店区域，带来自然采光，以流动的方式打破传统商场中走道的固有印象。

有关水系的联想贯穿整体空间，设计通过材质的反转将地下两层打造成一个"海底世界"，从而与地上四层形成对比。在地上层中闪闪发光的水磨石瓷砖，到了地下空间则倒转成天花板的用材，此外还有反光不锈钢，以更柔和的色彩唤起神秘水下景观的气息。

多样的设计元素结合在 BFC 南区商场中，创造了一种让人远离城市喧嚣而惬意放松的氛围。设计从所处的滨江环境中获得灵感，精心拣选材质与饰面以唤起人们对海滨度假生活的向往，也为商业空间的室内设计树立了新标杆。

平面图

1 | 4
2 | 3 | 5

1. 欢乐的"海底世界"
2. 天窗下端的散口喇叭式处理
3. 地下小中庭
4. 地下二层是更女性化的戏剧场景
5. 下沉庭院

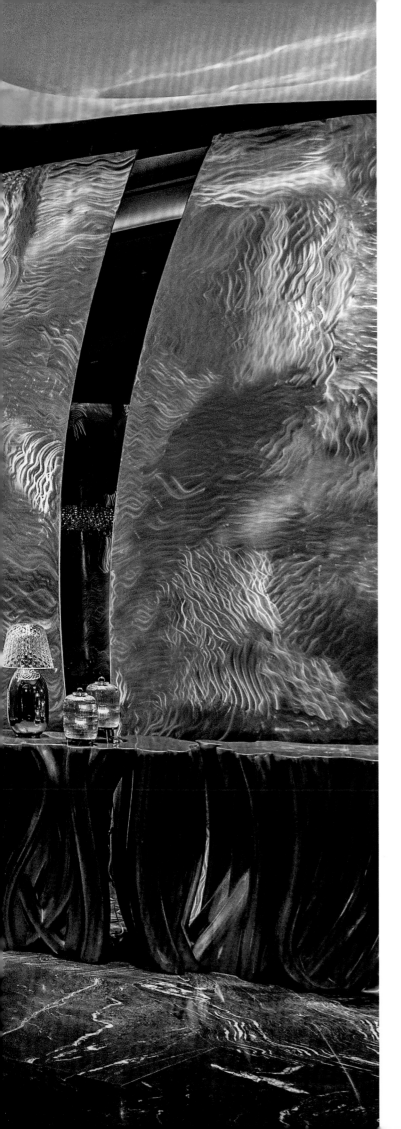

HOLFMANN 法国霍夫曼展厅

设　　计：杜柏均
参与设计：王稚云
面　　积：240 平方米
坐落地点：上海

长久以来，光总是在引导着人们探索那些未解之境。在电影《湮灭》中，未知的穹顶空间 X 区域里，泡沫般焕彩的组织、镭射光面的结构都将人立刻带入了一片只在梦境中出现过的幻想场景，而"光"成为引领主人公前行的线索。

在这个名为"霍夫曼"的展厅里，设计师也为 6 盏特别的水晶灯建立起了一个如《湮灭》中 X 区域般神秘而绮丽的场景，但它并非电影所传达的湮灭之地，相反的你会在每个不同场景位置与角度寻找到各种引人入胜的异域共生。"霍夫曼"依据 6 盏水晶灯的特性，通过极具设计感的墙体分割成 6 大不同的功能区域，每一盏灯饰既是主，又为客，成为各自独立空间中指引观者前行的讯息。

空间中所有的承重结构都被隐藏在了墙体内，手工波形纹理的黄铜饰面与光影形成美妙的流动感，又像是微观世界里的生物肌理，连接着天地向四处散播着勃勃生机。而墙体缝隙间的镶嵌钻面处理与内置的可变灯带则将广袤宇宙中绚烂的银河藏入其间，蓝绿色大理石与闪亮的水晶钻石强化了灯光的作用，孕育出一股磅礴的能量场蓄势待发。那些自由曲度的墙体在起着区隔空间功能作用的同时，又可视作独立的艺术品。雕花铜墙面在虚实之间对于步入其间的观赏者而言，可以起到潜意识的位移引导，加之各区域主灯华丽的聚光效果，一条自然而流畅的动线便随之产生。

三层天花自然跟随墙体，巧妙地将空调、消防等灰空间隐藏其中。地面以两种黑色石材为主调，低调的 Gucci 黑晶玉纹理大理石与 LollieMemmoli 的水晶灯交相呼应，营造出暗藏惊险、变幻莫测的氛围；而搭配 Baccarat 吊灯、与奢华 Versace 大理石所铺就的区域则有着寻尽所向，豁然开朗的惊喜。将各种几何切割的组合随机模仿出神秘岩穴中的地貌特征，让每一步都是一场奇遇。不同石材相接的边界则再次采用自由曲线的铜饰链接，既为墙体的水平延展，又无形中起到了区隔空间的作用。

为了配合这种超现实、奇幻而华丽的主题，家具则精选了西班牙品牌 Boca do Lobo 艺术家具，从水晶大理石餐桌、金属腿丝绒座椅到雕塑感十足的茶几、沙发、经典的异型边柜，每一件家具那不亚于水晶灯饰的艺术魔性，让软硬装在空间融为一体，成为霍夫曼生态的自然组成部分。

在这里，所有的材质都优选光面元素，以此达到最佳的异域质感和光效，强化"光"在空间中的主导地位。"霍夫曼"不仅仅只是一个灯饰展示空间，更像是一个光影的艺术馆，通过特殊的光智能场景设定、多元的材质组合、独到的软装搭配，将单纯的展厅幻化成一个可以激发灵感的艺术空间。

1. 神秘而绚丽的场景

1		4	5
2	3		6

1. 地面以黑色石材为主调
2、3. 华丽的水晶灯如银河般
4、5. 波形纹理的黄铜饰面形成美妙的流动感
6. 每件家具都有着艺术的魔性

Artyzen Club

设计单位：德坚设计
设　　计：陈德坚
参与设计：张家民
面　　积：1,500 平方米
坐落地点：香港

这是一个私人会所的设计案子，整体的设计感觉偏安静和端庄，营造家的温馨感和舒适感。运用不同的艺术挂画作品提升了整体空间的艺术文化氛围，增加了空间的独特性，给人们留下深刻的印象。

当壁炉的火苗徐徐燃起，好友们纷纷落座，一场有趣的交谈便由此开始。整体空间也因为有了这灵动的火苗，变得更加富有生命力和温暖。窗明几净，当阳光洒进餐区，感受着阳光的温暖，和好友们享受着美食，再远眺窗外或看看近处泳池激滟的水面，心情也会跟着这一切美好的事物而柔软美丽起来。中餐厅墙面的艺术装置烘托出整体空间的气质，带来一种偏东方的艺术雅致感，用餐之余也给来宾带来更多与人共赏并交流的内容。画廊顶面的照明装置使空间显得活泼而不沉闷，人们带着平和、开放的心态去欣赏画廊里的艺术作品，静心探寻内心对每一件艺术作品的感受和解读。

没有用过多繁复的造型去修饰，一切都安静使然。当人置身于其中，就像是在家中站立行走一样不觉约束，舒适、安稳、自在。坐在此处感受着香港的夜晚，仿如置身于世外桃源般，抬头仰望夜空，闭上眼，静心聆听夜的美。而当沉浸于泳池之中，又仿如置身于另一时空，聆听着自己内心里的声音，与自己对话。

1 | 3　1. 室外就餐区
2 | 4　2. 大堂
　　　3. 大堂休息区
　　　4. 阅读区

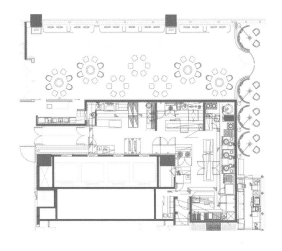

中餐厅平面图   综合厅平面图

1	3	1. 火炉灵动的火苗
2	4	2. 休闲区
		3. 西餐厅
		4. 中餐厅

1	2
3

1. 庭院与主建筑全景
2. 曲径通幽处
3. 入口玄关

西溪湿地幽庐

软装设计：庞喜设计
设　　计：庞喜
参与设计：薛涵、严冰冰、胡旭、朱海波、邓刘君
面　　积：室内 245 平方米、庭院 450 平方米
主要材料：大理石、艺术漆、木饰面、不锈钢
坐落地点：浙江杭州
完工时间：2019 年 6 月
摄　　影：阿骏

作为中式风雅慢生活文化的推广者，让生活如其生活的实践者，这次为杭州西溪设计幽庐会所。在结合其所处地域，并关注当下人居生活环境的前提下，构建了一个近似古人描绘的乌托邦世界。

院子的围屏采用质朴的青石和竹编篱笆组合，加强空间内部的联系。曲径的石汀路旁铺满了沙砾，边缘包围着看似随意摆置的鹅卵石，质地相近的材质增加观赏的协调感，渐渐消失的小径一直将人的焦点引入室内，让人想进去一探究竟。室内的软装依旧沿袭着庞喜设计的一贯风格，简约且不失雅致。采用了传统借景手法来增添艺术情趣、将庭院景致"借"入到室内视景范围内，使园内园外的景观可以自然衔接，扩大了整体空间的观赏感。既体现传统文化的魅力，同时又兼顾现代人对生活的理解和追求，展现出现代的包容性和人文调性。

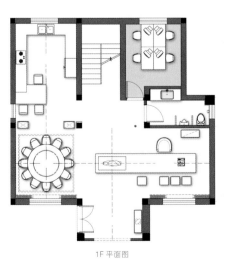

1F 平面图

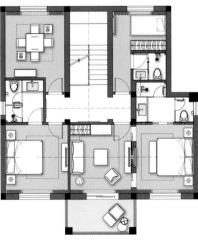

2F 平面图

1
―
2│3│4

1. 空间尽显传统文化的魅力
2. 一层用餐区
3. 品茶空间
4. 客房

龙港 BR 美集会所

设计单位：温州璞素设计事务所
设　　计：陈锋、郑祥威
参与设计：王贤概、陈淑宁
面　　积：400 平方米
主要材料：稻草漆、樟子松板材、白色地坪漆、雨花石
坐落地点：浙江温州
完工时间：2020 年 1 月
摄　　影：吴昌乐

1   2   1、明媚的外景
3 4   2、新与旧的碰撞
         3、4、纯净的室内空间

艺术的使命不是模仿自然，而是表现自然，找寻自然最本真的美并将其还原放大。一个自然的空间会在精神层面上与人发生互动对话，并产生某种共鸣。

本案位于龙港最早期的别墅群之一，为了使建筑空间能够恰如其分地融入其中，我们不断追寻空间和自然之间的平衡，并引入日本美学的侘寂来诠释"新与旧"的平衡。

轻推木质移门，缓而打开后映入眼帘的是火山石缱绻着白色外墙，垂落的屋面稻草撩拨着大片的透光玻璃。院中原有的石榴树"野蛮"地伸展开枝叶，与移栽的热带植物交相呼应。

入室，水磨石的方圆甜品吧台、老木头搭构的展示柜、竹编的吊灯、水泥的卡座以及触目可望的庭院，新与旧的碰撞在这个等待区特别的浓烈。我们对这片场地新旧关系的阐释，让这片老建筑在此刻仿佛得到了"重生"。

弧形楼梯依偎在一旁，蜡烛的光在留白的墙面上泛着人影，形成动态的装饰。特别偏爱圆形淋浴的房间，整个房间的墙面由上至下皆是清水水泥漆，云团似的纹理搭配三角的木质斜顶，白色的圆形淋浴房微微提亮整个空间，开门便是扑面而来的舒心气息。

细腻雕琢粗犷，残缺勾勒圆满，这是侘寂在这个空间最好的体现。最终，时间在此留下的清晰痕迹反而模糊了时空体验，将现代生活的精致、自然山野的朴素同时带给体验者，从而获得城市中不能感受到的生活的仪式感。

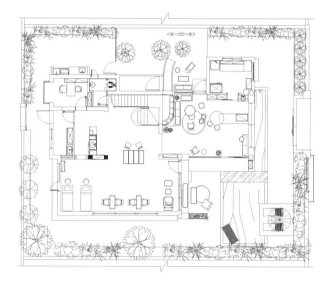

1F 平面图

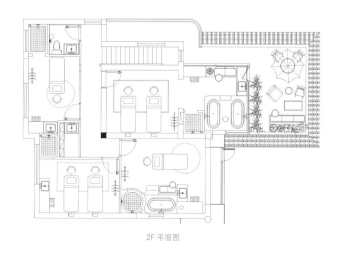

2F 平面图

1		3
2	4	5

1. 白色的圆形淋浴房
2. 留白的墙面
3. 客房
4. 空间细部
5. 夜晚的放松时刻

1. 大堂空间

擎天树

设计单位：天坊室内计划有限公司
设　　计：张清平
面　　积：2,700 平方米
主要材料：石材、铁件、栓木木皮、灰镜、红砖
坐落地点：台湾
摄　　影：刘俊杰

来自东方·改变东方

从建筑到生活，从细节到经典，赋予难能可贵的淬静，打造当代最美的生活故事。概念来自东方，设计改变东方。于精致格调中深藏着东方艺术，让我们总能在回味中发现新的惊喜。这种开放与融合的设计态度，令空间透出大气与现代的气质。同时改变东方，回归简单、自由、本色的状态，像是呼吸一样，直接而温暖，显露本质，呈现一种淬静的殊质感。

光，让空间的格局磊落大方，不刻意的设计置换出更大的空间感。可替换性的机能增强灵动性，自由地延伸出更多的可能。气韵如水墨渲染浓淡皆美，活动如劲笔疾书动静得宜。宁静自然的东方情怀与现代空间氛围相互融合，营造繁华都市中舒适灵动的静谧，成为东方生活美学中物质与精神交融的极致体现。不讲完美，所以更美。

1F 平面图

2F 平面图

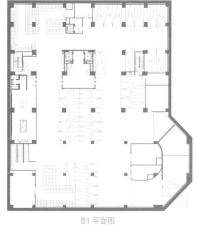

B1 平面图

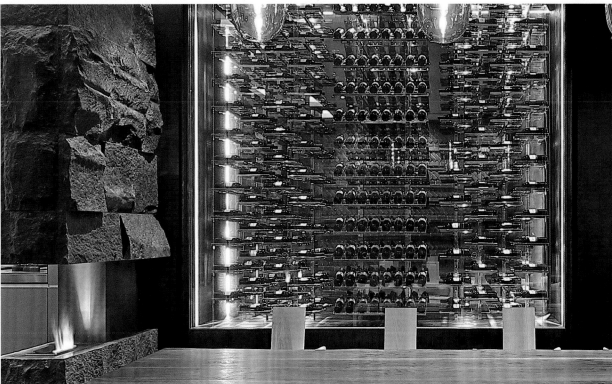

归淳阁

设计单位：汕头市博一组设计有限公司
设　　计：郑少文
参与设计：林锡枝
面　　积：255 平方米
主要材料：白蜡木、水泥灰、黑扁钢、锈铁板刷封闭漆、瓦片墙
坐落地点：广东汕头
完工时间：2020 年 1 月
摄　　影：欧阳云

我喜欢木头，木头是有生命的，感觉它可以跟空间一起呼吸。大巧不工，越自然越美。圆木、木材素板、清水墙、瓦片……都是返璞归真的感觉。最好的设计是让人感觉没有设计，干枯的树枝、随风飘落的树叶都是那么自然，所有的新陈代谢都是对大自然的敬畏。

项目是一个私人会所，业主希望这是一个可以赏画、听音乐、品茶、谈艺术、聊人生的地方。业主的名字中有个淳字，所以空间命名为"归淳阁"。淳，不仅仅淳朴、厚道；淳，是陈年老酒，淳甜，耐人寻味；淳，是工夫茶，先苦后甘，喝茶人要的就是回甘给味蕾带来的享受。白云悠悠，我如白云，来时轻盈，去时无声无息。

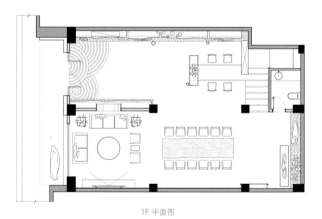

1F 平面图

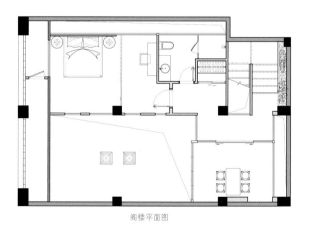

阁楼平面图

1 | 2 1. 大厅的中空空间
2. 吊灯如云朵般悬挂

1 | 4　　1. 窗外是幽幽竹帘
—————　2、3. 空间的组合穿插
2 3 | 5　　4. 木质家具是有温度的
　　　　　5. 淳朴空间

设计团队对原建筑空间进行了重新整合改造，将未被充分利用的、分散化的老式建筑再规划，改造为高质量的办公空间。同时兼顾办公与休闲，空间的转换以艺术陈列品为过渡媒介，结合户外的连廊空间，不仅引入了更多的自然光线，同时也让交通流线更加流畅自在。

为了避免材料的表现力对展示品造成干扰，设计选择了不同肌理有生命力的黑白灰色调材料。如用于分割办公区域的拉毛水泥墙面、耐候锈钢板、黑色钢板等，和建筑原始的混凝土梁柱楼板形成新与旧、细腻与粗粝的对话。金属网吊顶与玻璃砖的运用则在色彩上增添了时代感与丰富的质感，使得完整的空间界面与粗糙的砖墙表面形成对比。以带有工业时代感的装置艺术来丰富空间，并连接建筑所运用的现代简约线条，工具箱、交换机、收音机等工业时代的生活物件丰满了空间和时间的维度。

以新型化的建筑语言设计承载时代记忆的新型办公空间，将历史文脉与未来科技感缜密结合，在这里，新与旧、传统和未来，构成了一种张力十足的对话感。

1. 不同肌理材料的重新整合

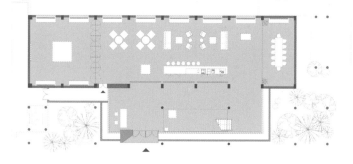

1F 平面图

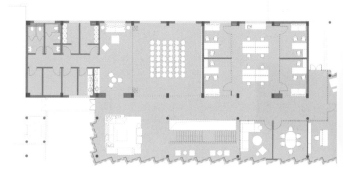

2F 平面图

1 | 3
2 | 4

1. 入口处
2. 老物件
3. 黑白灰的色调
4. 具有工业时代感的装置艺术

七舍合院

设计单位：建筑营设计工作室
设　　计：韩文强
参与设计：王同辉
照明顾问：董天华
植物顾问：张晓光
面　　积：500 平方米
主要材料：竹钢、青砖、玻璃砖
坐落地点：北京
完工时间：2020 年 1 月
摄　　影：王宁、吴清山

七舍合院位于北京旧城核心区内一座小型的三进四合院，原建筑包含七间坡屋顶房屋，且正好是该胡同的七号，故得名七舍。"游廊"一直是传统建筑中的基本要素，引入"游廊"作为本次改造中最为可见的附加物，将原本相互分离的七间房屋连接成为一个整体，它既是路径通道，又重新划分了庭院层次，并制造出观赏与游走的乐趣。

前院之中有建筑历史遗存如门楼、拱门雕花，甚至一棵枯树均被修复和保留，但拆除了前后院之间的围墙，代之以透明的游廊作为建筑新的入口。游廊延续了坡屋顶的曲面形态特征，并结合前后院景观与功能进行相应的变化。游廊在入口处微微上扬，结合两侧的曲线屋顶构成一个圆弧景框，将建筑、后院的大树和天空纳入风景之中。而另一侧的游廊屋顶则向下连接成为曲面墙，分隔出其后的卫生间、服务间、设备间等功能空间。

二进院是公共活动院，结合原本建筑一正两厢三间房屋的格局，分别布置了客厅、茶室、餐厅、厨房等。室内外空间划分采用对称式布局，继承了传统院落的空间仪式性。设计消除了房屋之间的台阶，代之以缓缓的坡道连接，并结合透明的游廊共同加强内部公共空间与院落之间的连通。处于正房的餐厅可由新的折叠门向庭院完全开敞，保证室内活动灵活的延伸至弧形庭院之内。

三进院作为居住院，包括两间卧室以及茶室、书房等空间。旧建筑依然是一正两厢的格局，院内有三棵老树。游廊平面在这里演变为连续曲线形态，一方面与庭院内的三棵树产生互动，另一方面也营造出多个小尺度的弧形休闲空间。两间卧室居于建筑最后面的房屋，室内根据屋脊呈对称式布局，两个卫生间均与小院子比邻，实现良好的采光和通风效果。

设计在保持传统建筑的材料特征基础上适度添加新材料，注重保持时间迭代的印记，让新与旧产生若干微差与叠合。原始建筑结构整体保留，局部破损构件以松木材料替换。新的游廊、门窗、部分家具使用竹钢作为新的"木"与旧木对应。施工过程中意外发现的石片、瓦罐、磨盘等，完工后将其作为景观、台阶、花盆点缀于室内外；建筑修复中作废的木梁则被改造成为座椅，旧材料被赋予新的用途而不断延续下去。

1F 平面图

1. 一进院
2. 建筑历史遗存均被修复和保留

主编

陈卫新

编委（排名不分先后）

陈耀光、陈南、高蓓、蒲仪军、孙天文、沈雷、叶铮、徐纺、范日桥、王厚然、周红、
周三霞、朱美乐

图书在版编目（CIP）数据

2020中国室内设计年鉴 / 陈卫新主编 . — 沈阳 :辽宁科学技术出版社 , 2020.11
ISBN 978-7-5591-1737-3

Ⅰ . ① 2… Ⅱ . ①陈… Ⅲ . ①室内装饰设计 – 中国 – 2020 – 年鉴 Ⅳ . ① TU238-54

中国版本图书馆 CIP 数据核字 (2020)第 162415号

出版发行：辽宁科学技术出版社
　　　　　（地址：沈阳市和平区十一纬路 25号 邮编：110003）
印 刷 者：广东省博罗县园洲勤达印务有限公司
经 销 者：各地新华书店
幅面尺寸：230mm × 300mm
印　　张：80
插　　页：8
字　　数：800千字
出版时间：2020年 11月第 1版
印刷时间：2020年 11月第 1次印刷
责任编辑：杜丙旭
封面设计：上加上设计
版式设计：上加上设计
责任校对：周文

书　　号：ISBN 978-7-5591-1737-3
定　　价：658.00元（1、2册）

联系电话：024-23284360
邮购热线：024-23284502
http://www.lnkj.com.cn